劳动预备制教材
职业培训教材

电焊工技术

（中 级）

劳动和社会保障部教材办公室组织编写

中国劳动社会保障出版社

图书在版编目（CIP）数据

电焊工技术：中级/劳动和社会保障部教材办公室组织编写．—北京：中国劳动社会保障出版社，2000.6

劳动预备制、职业培训教材

ISBN 7-5045-2803-X

Ⅰ．电…

Ⅱ．劳…

Ⅲ．电焊-技术培训-教材

Ⅳ．TG443

中国版本图书馆 CIP 数据核字（2000）第 61486 号

中国劳动社会保障出版社出版发行

（北京市惠新东街 1 号　邮政编码：100029）

出版人：唐云岐

*

北京市艺辉印刷有限公司印刷装订　新华书店经销

787毫米×1092毫米　16开本　9.25印张　230千字

2000年7月第1版　2014年7月第12次印刷

定价：12.50 元

读者服务部电话：010-64929211/64921644/84643933

发行部电话：010-64961894

出版社网址：http：//www.class.com.cn

说　明

本书是劳动和社会保障部教材办公室组织编写的全国劳动预备制机械类电焊工培训教材，供全国职业培训、劳动预备制学员使用。

本书内容包括：焊接冶金知识、焊接工艺及设备、常用金属材料的焊接、焊接应力和变形、焊接检验、焊接质量控制、中级电焊工操作技能和设备的维护及故障排除等。

本书亦可供职业学校、在职培训和自学使用。

本书由井志华、林仁华、郑应国、李继三、王少清、郑祺、李峰编写。

本书在编写中采用了我社出版的有关教材的内容，特此说明。

前　言

目前，我国正在推行一项新的劳动制度——劳动预备制，即是对新生劳动力实行追加1～3年的职业教育和培训，帮助其提高就业能力，在具备相应的职业资格后，在国家政策指导和帮助下实现就业。

实施劳动预备制度是深化劳动制度改革的重要措施，是培育和发展劳动力市场的一项基本建设。实施这项制度，对缓解就业压力、保持我国就业局势的稳定和提高劳动者整体素质具有重要意义。

实施劳动预备制，搞好教材建设是重要的一环。为解决当前实施劳动预备制对教材的急需，我们会同中国劳动社会保障出版社组织编写了法律常识、职业道德、就业指导、实用写作、英语日常用语、交际礼仪、劳动保护知识、计算机应用、应用数学、实用物理知识等10门公共课教材，并根据劳动预备制培训的实际需要，编写了电工、计算机、交通、餐饮服务、商业、机械、电子、建筑、会计的专业课教材，供劳动预备制培训单位使用。

实施劳动预备制是一项新的工作，对教材建设提出了新的要求，我们正在抓紧做好这方面的工作。现在编写的这套教材，是劳动预备制教材建设的初步尝试。我们力求通过这套教材，使经过培训的人员掌握从业必备的基本知识和专业技能，具有良好思想品质和职业道德，成为素质较高的劳动者。

在编写这套教材的过程中，编写人员克服困难，在较短的时间内完成了这项工作，在此谨向为编写这套教材付出辛勤劳动的有关同志表示衷心感谢！

由于编写时间仓促，这套教材尚有许多不足之处，我们将在劳动预备制试点城市试用过程中，听取各方面的意见，再进行修订，使其更加完善。

劳动和社会保障部教材办公室

目　录

第一章　焊接电弧及焊接冶金知识

§1—1　电离及电子发射

一、电离

1. 概念　气体受到电场或热能的作用，就会使中性的气体分子中的电子获得足够的能量，以克服原子核对它的引力，而成为自由电子，同时中性原子由于失去电子而变成带正电荷的正离子，这种使中性的气体分子或原子释放电子形成正离子的过程称为气体电离。

不同元素的电离难易程度是不同的，一般排列顺序如下：

钾、钠、铝、钙、铬、钛、钼、锰、镁、铜、铁、硅、氢、氧、氮、氩、氟、氦

依次由左向右，其电离程度由易到难。

2. 电离的方式

(1) 热电离。气体粒子受热的作用而产生的电离称为热电离。温度越高，热电离作用越大。

(2) 电场作用下的电离。带电粒子在电场作用下，各作定向高速运动，产生较大的动能，当不断与中性粒子相碰撞时，则不断地产生电离。如两电极间的电压越高，电场作用越大，则电离作用越强烈。

(3) 光电离。中性粒子在光辐射的作用下产生的电离称为光电离。

二、电子发射

阴极的金属表面连续地向外发射出电子的现象称为阴极电子发射。

焊接时，气体的电离是产生电弧的重要条件，但是，如果只有气体电离而阴极不能发射电子，没有电流通过，那么电弧还是不能形成。因此，阴极电子发射也和气体电离一样，两者都是电弧产生和维持的必要条件。

电子逸出金属表面需要吸收能量，根据吸收能量的不同，阴极电子发射可分为以下三种形式：

1. 热电子发射　阴极表面温度升高，其中自由电子动能增加，当动能增加到一定值时，电子就会逸出金属表面而产生热电子发射。温度越高，电子发射能力越强。

2. 场致电子发射　当电极间有一定强度的电场时，电场促使阴极表面电子逸出，从而产生电子发射。电场强度与电极间电压成正比，与电极间的距离成反比。电场强度越大，场致电子发射的能力越强。

3. 撞击电子发射　当运动速度较高，能量较大的阳离子撞击阴极表面时，将能量传递给阴极表面的电子而产生电子发射称为撞击电子发射。电场强度越大，阳离子的运动速度也越快，则撞击电子发射的作用也越激烈。

§1—2 焊丝金属的熔化及熔滴过渡

一、焊丝金属的熔化

1. 焊丝金属的加热 熔化极电弧焊时，焊丝具有两个作用，一方面作为电弧的一个极；另一方面向熔池提供填充金属。焊接时加热并熔化焊丝的热量有：电阻热、电弧热、化学热(在一般情况下仅占1%～3%，常忽略不计)。

(1) 电阻热。从导电的接触点到焊丝末端的长度称为伸出长度，当电流在焊条上通过时，将产生电阻热。电阻热的大小决定于焊条或焊丝的伸出长度、电流密度和焊条金属的电阻。

焊丝伸出长度越长，则电阻热越大；电流密度增加，电阻热加大；焊丝电阻率决定于焊条金属本身电阻率和焊条直径，同种材料的焊丝，其直径越大，则电阻越小，相对产生的电阻热也就减少。

(2) 电弧热。电弧产生热量仅有一部分用来熔化焊丝，大部分热量是用来熔化母材、药皮或焊剂，另外还有相当部分的热量消耗在辐射、飞溅和母材传热上。

2. 焊丝金属的熔化 焊丝金属受到电阻热和电弧热的加热后，开始熔化。表示金属熔化特性的主要参数是熔化速度。

在正常焊接参数内，熔化速度与焊接电流成正比，即：

$$g_m = \frac{G}{t} = \alpha_p I$$

式中 g_m——焊丝金属的熔化速度，g/h；

G——熔化的焊丝质量，g；

I——焊接电流，A；

t——电弧燃烧时间，h；

α_p——焊丝的熔化系数，g/(A·h)。

焊条（或焊丝）的熔化系数 α_p 表示在1 h内1 A电流所能熔化的焊丝金属质量，是表示熔化速度快慢的一个参数。如果忽略电阻热对金属加热的影响，则当焊丝的材料及其直径一定时，其熔化系数为一常数。

二、焊丝金属的熔滴过渡

弧焊时，在焊丝端部形成的向熔池过渡的液态金属滴叫熔滴。熔滴通过电弧空间向熔池转移的过程叫熔滴过渡。

1. 熔滴上的作用力

(1) 重力。焊接时，熔滴由于本身的重力而具有下垂的倾向。平焊时起促进熔滴过渡的作用。

(2) 表面张力。金属熔化后，在表面张力的作用下形成球滴状，使液体金属不会马上脱离焊条。表面张力的大小与熔滴的成分、温度及环境气氛有关；与焊丝直径成正比。另外还与保护气体的性质有关。平焊时表面张力阻碍熔滴过渡，其他位置则有利于过渡。

(3) 电磁压缩力。当两根平行载流导体通过同方向电流时，会产生使导体相吸的电磁力。焊接时，可以把熔滴看成由许多平行载流导体所组成，这样熔滴上就受到由四周向中心的电磁压缩力。在任何焊接位置，电磁压缩力的作用方向都是促使熔滴向熔池过渡的。

(4) 斑点压力。电弧中的带电质点——电子和阳离子，在电场的作用下向两极运动，撞击在两极的斑点上而产生机械压力，这个力称为斑点压力。斑点压力的作用方向是阻碍熔滴向熔池过渡。并且正接时的斑点压力较反接时大。

(5) 等离子流力。由于电弧截面处电磁压缩力大小不同，使电弧气流的两端形成压力差，使等离子体迅速流动产生压力，这种压力称为等离子流力。这种流力有利于熔滴过渡。

(6) 电弧气体的吹力。焊条末端形成的套管内含有大量气体，并顺着套管方向以挺直而稳定的气流把熔滴送到熔池中去。不论焊接的空间位置如何，电弧气体的吹力都将有利于熔滴金属的过渡。

2. 熔滴过渡的形态

(1) 滴状过渡。当电弧长度超过一定值时，熔滴依靠表面张力的作用，自由过渡到熔池，而不发生短路。

滴状过渡形式又可分为粗滴过渡和细滴过渡，粗滴过渡时飞溅大，电弧不稳定，成形不好。熔滴尺寸的大小与焊接电流、焊丝成分有关。

(2) 短路过渡。焊丝端部的熔滴与熔池短路接触，由于强烈的热和磁收缩的作用使其爆断，直接向熔池过渡，这种形式称为短路过渡。如图 1—1 所示。短路过渡能在小功率电弧下（小电流、低电弧电压），实现稳定的金属熔滴过渡和稳定的焊接过程。所以适合于薄板或需低热输入的情况下的焊接。

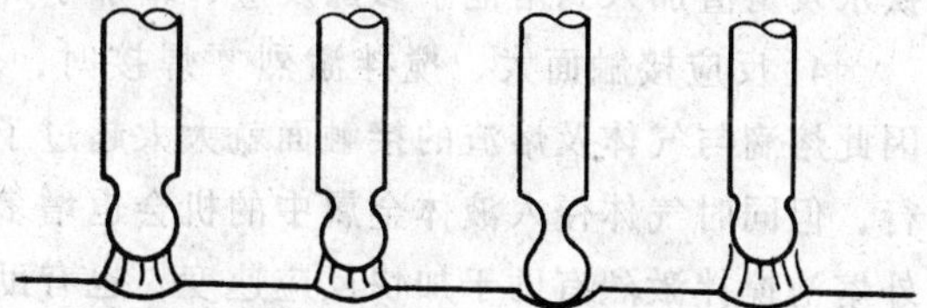

图 1—1　熔滴短路过渡的情况

(3) 喷射过渡。熔滴是细小颗粒并以喷射状态快速通过电弧空间向熔池过渡的形式称为喷射过渡。产生喷射过渡除了要有一定的电流密度外，还必须要有一定的电弧长度。其特点是熔滴细、过渡频率高、电弧稳定、飞溅小、熔深大、焊缝成形美观、生产效率高。

3. 熔滴过渡时的飞溅　熔焊过程中，熔化的金属颗粒和熔渣向周围飞散的现象叫飞溅。

(1) 气体爆炸引起的飞溅。由于冶金反应时在液体内部产生大量 CO 气体，气体的析出十分猛烈，造成液体金属（熔滴和熔池金属）发生粉碎形的细滴飞溅。

(2) 斑点压力引起的飞溅。短路过渡的最后阶段，在熔滴与熔池之间发生烧断开路，这时的电磁力使熔滴往上飞去，引起强烈飞溅。

4. 熔滴过渡时的蒸发　液态金属在任何温度下都能够蒸发，温度越高，蒸发越快。

§1—3　焊接化学冶金过程

焊接化学冶金是在焊接过程中通过冶金处理的方法，消除焊缝金属中的有害杂质，增加焊缝金属中某些有益的合金元素，从而保证焊缝金属的各种性能。

一、焊接化学冶金过程的特点

1. 温度高及温度梯度大　焊接电弧的温度很高，一般可达到 6 000～8 000°C，使金属剧烈蒸发，电弧周围的气体 CO_2、N_2、H_2 等大量分解：

$$O_2 = 2O - Q$$

$$N_2 = 2N - Q$$

$$H_2 = 2H - Q$$

$$CO_2 = CO + O - Q$$

$$H_2O = 2H + O - Q$$

分解后的气体原子或离子很容易熔在液态金属中，随着温度下降溶解度也降低，如果来不及析出，易造成气孔。

熔池温差大，熔池的平均温度在 2 000℃以上，并被周围的冷却金属所包围，温度梯度大，两者温差相当大。因此，使焊件产生内应力并引起变形，严重者还产生裂纹。

2. 熔池体积小，熔池存在时间短　焊接熔池的体积极小，手工电弧焊时熔池的质量通常是 0.6～16 g。同时，加热及冷却速度很快，由局部金属开始熔化形成熔池，到结晶完了的全部过程一般只有几秒钟的时间，而温度又在急剧变化，因此整个冶金反应常常达不到平衡。在很小的金属体积内化学成分就有较大的不均匀性，形成偏析。

3. 熔池金属不断更新　在焊接时，由于熔池中参加反应的物质经常改变，不断有新的铁水及熔渣加入到熔池中参加反应，增加了焊接冶金的复杂性。

4. 反应接触面大、搅拌激烈　焊接时，熔化金属是以滴状从焊条端部过渡到熔池的，因此熔滴与气体及熔渣的接触面就大大超过了一般炼钢的情况。接触面大可以加速反应的进行，但同时气体侵入液体金属中的机会也增多了，使焊缝金属易产生氧化、氮化及气孔。此外熔池搅拌激烈有助于加快反应速度，也有助于熔池中气体的逸出。

二、气体与金属的作用

在焊接过程中，熔池周围充满着各种气体，这些气体主要来自以下几个方面：焊条药皮或焊剂中造气剂产生的气体；来自周围的空气、焊芯、焊丝和母材在冶炼时残留的气体；焊条药皮或焊剂未烘干在高温下分解成的气体；母材表面未清理干净的铁锈、水分、油、漆等，在电弧作用下分解出的气体。这些气体都不断地与熔池金属发生作用，有些还进入到焊缝金属中去，其主要成分为 CO、CO_2、H_2、O_2、N_2、H_2O 及少量的金属与熔渣的蒸气，气体中以 O_2、N_2、H_2 对焊缝的质量影响最大。

1. 氧与焊缝金属的作用　焊接区的氧气主要来自电弧中氧化性气体（CO_2、O_2、H_2O 等）、药皮中的高价氧化物和焊件表面的铁锈、水分等的分解产物。氧在电弧高温作用下分解为原子，原子状态的氧比分子状态的氧更活泼，能使铁和其他元素氧化。

$$Fe + O \rightarrow FeO$$

$$Mn + O \rightarrow MnO$$

$$Si + 2O \rightarrow SiO_2$$

$$C + O \rightarrow CO$$

其中 FeO 能熔于液体金属，由于有 FeO 存在，还使其他元素进一步氧化。

$$FeO + C \rightarrow CO + Fe$$

$$FeO + Mn \rightarrow MnO + Fe$$

$$2FeO + Si + SiO_2 + 2Fe$$

由于氧化的结果，使焊缝中有益元素大量烧损，氧化的产物一般上浮到熔渣中去，有时也会以夹杂形式存在于焊缝中。焊缝金属中的含氧量增加，使它的强度极限、屈服点、塑性和冲击韧性降低，尤以冲击韧性降低更为明显。此外，还使焊缝金属的抗腐蚀性能降低，加热时有晶粒长大趋势，冷脆的倾向增加。

氧与碳、氢反应，生成不熔于金属的气体 CO 和 H_2O，若这种反应是在结晶温度时进行的，那么，由于熔池已开始凝固，CO 和 H_2O 不能顺利逸出，便形成气孔。

由于氧有这些危害，所以焊接时必须脱氧。手工电弧焊焊缝中氧的含量除与焊条的成分有关以外，还与焊接电流、电弧长短有关。电流越大，熔滴越细，则增大了熔滴与氧的接触面积；电弧越长，使熔滴过渡的路程越长，从而增加了熔滴与氧的接触机会与时间，结果都使得缝金属的含氧量增加。

2. 氢与焊缝金属的作用　焊接区的氢主要来自受潮的药皮或焊剂中的水分、焊条药皮中的有机物、焊件表面的铁锈、油脂及油漆等。

通常情况下，氢不和金属化合，但是它能够熔于 Fe、Ni、Cu、Cr、Mo 等金属，氢在铁中的溶解度如图 1—2 所示。氢在铁中的溶解度与温度和铁的同素异构体有关，还与氢的压力有关。氢熔在铁中，只能以原子状态或离子状态熔入金属。由图 1—2 可以看出，温度越高，氢熔在金属中的数量也越多，而在相变时气体的溶解度发生突变。焊接时的冷却速度很快，容易造成过饱和的氢残留在焊缝金属中，当焊缝金属的结晶速度大于它的逸出速度时，就形成气孔。

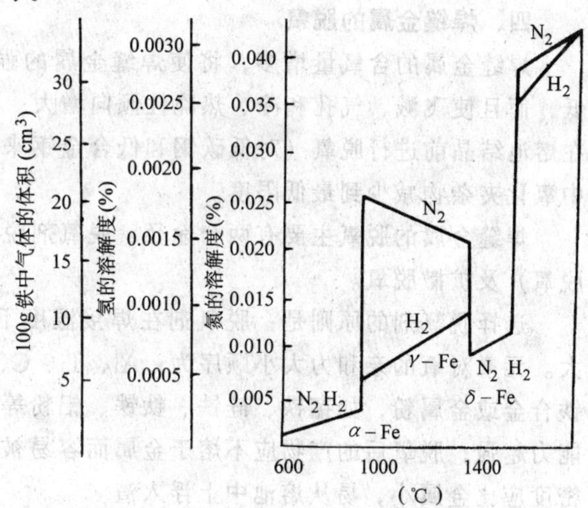

图 1—2　压力为 0.1 MPa 时氮和氢在铁中的溶解度

氢是还原性气体，它在电弧气氛中有助于减少金属的氧化，但是，在大多数情况下，这种好作用不仅完全被抵消，而且还产生许多有害的作用，如引起氢脆性、白点、硬度升高，使钢的塑性严重下降，严重时将引起裂纹。

3. 氮与焊缝金属的作用　焊接区中的氮主要来自空气，它在高温时熔入熔池，并能继续熔于凝固的焊缝金属中。氮随着温度下降，溶解度降低，析出的氮与铁形成化合物，以针状夹杂形式存在于焊缝金属中。氮的含量较高时，对焊缝金属的力学性能有较大的影响，如硬度和强度提高，塑性降低。此外，氮也是形成气孔的原因之一。由于氮主要来源于空气，故电弧越长，氮侵入熔池也越多；熔池保护差，氮侵入也越多。目前使用的气体保护电弧焊，埋弧自动焊或常用的手工电弧焊，保护情况都比较好，因此能显著地降低焊缝中的含氮量。

三、焊接熔渣的酸、碱性

焊接过程中，焊条药皮或焊剂熔化后经过一系列化学变化，形成的覆盖于焊缝表面的非金属物质，称为熔渣。钢焊条熔渣主要由氧化物组成，这些氧化物有的是金属氧化物，有的是非金属氧化物。如果按化学性质来分，可分为碱性氧化物（CaO、MgO、FeO、MnO 等）、酸性氧化物（SiO_2、TiO_2、P_2O_5 等）和两性氧化物（Al_2O_3、Fe_2O_3、Cr_2O_3 等）。熔渣中除氧化物外，还有氟化物（CaF_2、NaF、KF 等）和氯化物（KCl、NaCl 等）及少量的硫化物、碳化物。

碱性氧化物多时，熔渣表现为碱性，反之，熔渣的酸性氧化物多时表现为酸性。为了表示熔渣碱性的强弱，我们用“碱度”表示：

$$K=\frac{\text{各种碱性氧化物的总质量}}{\text{各种酸性氧化物的总质量}} \tag{1—1}$$

式中 K 代表熔渣的碱度，当 $K>1.5$ 时，化学性质呈碱性的熔渣称为碱性渣；$K<1.5$ 时，化学性质呈酸性的熔渣称为酸性渣。

E4320 焊条的焊接熔渣由 FeO、SiO_2、MnO 构成，是以酸性氧化物为主的；E4303 焊条的熔渣由 TiO_2、SiO_2、CaO 构成，也以酸性氧化物为主，所以称为酸性焊条。E5015 焊条的熔渣由 CaO、CaF_2 构成，是以碱性物为主，称为碱性焊条。

四、焊缝金属的脱氧

焊缝金属的含氧量增多，将使焊缝金属的强度、硬度、塑性、韧性及抗腐蚀性能均降低，而且使飞溅、气孔和冷、热脆性倾向增大。因此，为了保证焊缝金属的力学性能，必须在熔池结晶前进行脱氧（对低碳钢和低合金钢来说危害性最大的主要是 FeO），使焊缝金属中氧化夹杂物减少到最低限度。

焊缝金属的脱氧主要有两个途径：脱氧剂脱氧（根据脱氧的时间可分为先期脱氧、沉淀脱氧）及扩撒脱氧。

选择脱氧剂的原则是：脱氧剂在焊接温度下对氧的亲和力应比被焊金属对氧的亲和力大。元素对氧的亲和力大小顺序为：Al、Ti、C、Si、Mn、Fe。在实际生产中，常用它们的铁合金或金属粉，如锰铁、硅铁、钛铁、铝粉等作为脱氧剂。元素对氧的亲和力越大，脱氧能力越强；脱氧后的产物应不熔于金属而容易被排除入渣固定；脱氧后的产物熔点应较低，密度应比金属小，易从熔池中上浮入渣。

根据酸性焊条和碱性焊条的药皮类型不同，它们采用的脱氧途径及脱氧剂选用的元素也有所区别，现分别讨论如下：

1. 酸性焊条（以 E4303 为例）

(1) 先期脱氧。焊接开始后，在焊条药皮加热过程中，药皮中的碳酸盐（$CaCO_3$、$MgCO_3$）等，受热分解放出 CO_2，其化学反应式如下：

$$CaCO_3 = CaO + CO_2$$

$$MgCO_3 = MgO + CO_2$$

这时药皮内锰铁中的锰和 CO_2 反应，氧化物转入渣中固定。反应式如下：

$$CO_2 + Mn = MnO + CO$$

$$MnO + SiO_2 = MnO\cdot SiO_2$$

$$MnO + TiO_2 = MnO\cdot TiO_2$$

这样就尽可能早期把氧去除，以免与熔化金属发生作用后使金属氧化，这种脱氧方式称为“先期脱氧”。它主要发生在焊条端部反应区，脱氧过程和脱氧产物一般不和熔滴金属发生直接关系。

MnO 是碱性氧化物。E4303 熔渣中酸性氧化物 SiO_2 和 TiO_2 很多，约占一半以上。酸性氧化物与碱性氧化物可以生成稳定的复合硅酸盐或钛酸盐而进入熔渣，因此上述反应容易向右进行，也就是说脱氧效果好。

如果 E4303 焊条的药皮主要采用硅铁（Si—Fe）和钛铁（Ti—Fe）作脱氧剂，则：

$$2CO_2 + Si = SiO_2 + 2CO$$

$$2CO_2 + Ti = TiO_2 + 2CO$$

由于 E4303 熔渣中 SiO_2 及 TiO_2 已经很多，因此上述反应不容易向右进行，因而不易脱氧。

（2）沉淀脱氧。沉淀脱氧（又称熔池脱氧），是利用熔池中的合金元素进行脱氧，并使脱氧后的产物不熔于熔池而排入熔渣，脱氧对象主要是熔于熔池的 FeO。在 E4303 焊条药皮中用 Mn 脱氧效果很好。Si、Ti 对氧的亲和力比 Mn 和氧的亲和力大得多，按理脱氧作用比 Mn 强，那么为什么 E4303 焊条中，不用 Si 及 Ti 而必须用 Mn 来脱氧呢？这是由于 E4303 焊条的熔渣中含有大量的 SiO_2 及 TiO_2，而用 Si 及 Ti 脱氧后的生成物也是 SiO_2 及 TiO_2 均系酸性氧化物，这些生成物无法与熔渣中存在的大量酸性氧化物结合成稳定的复合化合物而进入熔渣。因此以下脱氧反应难以向右进行而无法脱氧：

$$2FeO + Si = SiO_2 + 2Fe$$

$$2FeO + Ti = TiO_2 + 2Fe$$

而 Mn 的脱氧反应是：

$$FeO + Mn = MnO + Fe$$

MnO 系碱性氧化物，因此很容易与酸性氧化物（SiO_2、TiO_2）结合成复合物（$MnO \cdot SiO_2$ 及 $MnO \cdot TiO_2$）而进入熔渣，所以反应不断向右进行有利于脱氧。

铝的脱氧是依靠铝与氧的强烈反应和所生成的 Al_2O_3 不熔于铁水的性质。但 Al_2O_3 不易上浮，易形成夹渣，另外在先期脱氧时由于铝对氧的亲和力大，因而抑制了碳和其他合金元素的脱氧作用，从而使脱氧作用延迟到熔池中进行，导致熔池结晶期产生 CO 而形成气孔。同时铝的脱氧是放热反应，会引起气体突然膨胀，使飞溅倾向增大，所以在这类焊条中不宜采用。

（3）扩散脱氧。FeO 既可熔于 Fe 中，也可从熔池扩散到熔渣。当熔池中 FeO 不断扩散到熔渣，使熔池的含氧量降低，这种方法称为扩散脱氧。由于 FeO 系碱性氧化物，在 E4303 焊条的熔渣中有大量 SiO_2 和 TiO_2（酸性氧化物），因此可结合成稳定的复合化合物，降低熔渣中自由 FeO 的含量。

$$FeO + SiO_2 = FeO \cdot SiO_2$$

$$FeO + TiO_2 = FeO \cdot TiO_2$$

这更有利于熔池中 FeO 不断向熔渣中扩散，但焊接过程的冶金时间很短，而扩散脱氧是一个扩散过程，需要较长时间，所以扩散脱氧效果是有限的。但熔池的搅拌作用有利于扩散脱氧。

2．碱性焊条（以 E5015 为例）

（1）先期脱氧。E5015 焊条药皮中含有大量的大理石，在加热时放出 CO_2 气体：

$$CaCO_3 = CaO + CO_2$$

药皮中主要依靠硅铁和钛铁来脱氧，脱氧反应是：

$$2CO_2 + Si = SiO_2 + 2CO$$

$$2CO_2 + Ti = TiO_2 + 2CO$$

SiO_2 和 TiO_2 是酸性氧化物，E5015 焊条熔渣碱性氧化物多，占熔渣的 2/3 以上，熔渣的碱度很大，这样脱氧产物的酸性 SiO_2 和 TiO_2 很容易和熔渣中碱性氧化物结合，生成复合化合物。

$$SiO_2 + CaO = CaO \cdot SiO_2$$

$$TiO_2 + CaO = CaO \cdot TiO_2$$

如果 E5015 焊条采用锰铁作脱氧剂，则脱氧产物 MnO 是碱性的，由于 E5015 碱度大，碱性氧化物已很多，MnO 不易形成稳定的渣，用 Mn 脱氧反应不易进行，故不利脱氧。因此锰铁在 E5015 焊条中只起渗合金作用。

(2) 沉淀脱氧。E5015 焊条药皮中用 Ti、Si 对熔池中的 FeO 脱氧效果好，脱氧反应是：

$$2FeO + Ti = TiO_2 + 2Fe$$

$$2FeO + Si = SiO_2 + 2Fe$$

脱氧后的产物入渣固定：

$$TiO_2 + CaO = CaO \cdot TiO_2$$

$$SiO_2 + CaO = CaO \cdot SiO_2$$

碱性焊条中为提高脱氧能力，有时采用铝铁（Al－Fe）来脱氧，铝铁虽有造成夹渣、气孔和产生飞溅的缺点，但铝在某种条件下可与氮结合和生成氮化铝（AlN），因而能减少氮对产生气孔和焊缝时效性能的影响。因此有时酌情采用，或与其他合金配合作为联合脱氧中的一个组元。对 Al 和 Ti 一般只是在先期脱氧时起作用，因而碱性焊条在沉淀（熔池）脱氧时主要是用 Si。

扩散脱氧在碱性焊条中基本上不存在，这是因为在碱性熔渣中存在着大量的强碱性的 CaO，而熔池中的 FeO 也是碱性氧化物，因此扩散脱氧难以进行。

五、焊缝金属的脱硫

硫是钢中的有害杂质之一，在钢材和焊芯中都要加以限制，但在焊条药皮中某些物质常含有硫，如钛白粉在未经处理前含硫量高达 0.14％以上，因此需经高温焙烧使含硫量降至＜0.05％，才能满足焊条生产的要求。

硫在低碳钢中主要以 FeS 和 MnS 形式存在。FeS 可无限地熔于液态铁中，而熔于固态铁却很少，只有 0.015％～0.020％，因此熔池凝固时 FeS 即析出，并与 α—Fe、FeO 及 $(FeO)_2 \cdot SiO_2$ 等形成低熔点共晶（其熔点见表 1—1），在焊缝结晶过程中析集于晶界上呈液态薄膜，因而在焊缝冷却时所造成的内应力作用下容易引起晶界处的开裂——热裂纹。

表 1—1　　硫化物的熔点比较

共晶物	FeS + α—Fe	FeS + FeO
熔　点	985℃	940℃

MnS 在液态铁中溶解度极小，所以容易排除入渣，即使不能排走而留在焊缝中，也由于 MnS 熔点高（1 620℃）并呈球状分布于焊缝中，因而不易开裂。

1. 脱硫方法　在焊接过程中脱硫的主要办法有元素脱硫和熔渣脱硫。

(1) 元素脱硫。各种常见元素与硫的亲和力大小排列如下：

Fe＜Mn＜Mg＜Ca＜Al（弱→强）

这些元素中 Al、Ca、Mg 的脱硫能力较强，但因极易氧化，故一般不采用。在焊接中最常用的是 Mn。其反应式为：

$$FeS + Mn = Fe + MnS$$

（2）熔渣脱硫。MnO 脱硫反应式为：

$$FeS + MnO = MnS + FeO$$

从反应式可知，当焊缝和熔渣中 MnO 增加或 FeO 减少时，反应易向右进行，脱硫作用加强，这说明脱硫反应和脱氧同时进行，如果有足够的 Mn，则按下列公式反应：

$$Mn + FeO = MnO + Fe$$

即 Mn 的增加既减少 FeO，又增加了 MnO 用以脱硫，但因焊接冶金时间短，MnO 脱硫反应不可能进行充分。

CaO 脱硫反应式为：

$$FeS + CaO = FeO + CaS$$

Ca 比 Mn 对硫的亲和力强，并且 CaS 完全不熔于金属，所以 CaO 脱硫效果好，要增加 CaO 的脱硫能力，同样要增加 CaO 或减少 FeO，也就是以 CaO 脱硫时也必须同时脱氧。

CaF_2 脱硫，一方面是氟与硫化合成挥发性的氟硫化合物（SF），另一方面 CaF_2 与 SiO_2 作用可增加 CaO，有利于脱硫。

$$SiO_2 + 2CaF_2 = 2CaO + SiF_4$$

2. 酸性焊条和碱性焊要的脱硫

（1）酸性焊条（以 E4303 为例）。E4303 焊条的熔渣中有大量的酸性氧化物 SiO_2 及 TiO_2，容易和碱性氧化物 MnO 及 CaO 结合成复合化合物，同时，酸性焊条的药皮中不加入萤石，因此在 E4303 焊条药皮中加入大量锰铁，以促进脱硫。此外在 E4303 焊条药皮中提高大理石的含量几乎对脱硫没有影响，其原因是 E4303 焊条的熔渣碱度很小，而酸性氧化物的数量很大，增加一点 CaO 并不能发挥 CaO 脱硫的作用。

（2）碱性焊条（以 E5015 为例）。E5015 焊条药皮中含有大量大理石、萤石和铁合金，脱氧能力强，熔渣中有大量的碱性氧化物，这就使 CaO 及 CaF_2 的脱硫效果显著。显然药皮中锰铁含量少，元素脱硫作用不大，但总的来说 E5015 焊条的脱硫能力强。由于焊接冶金时间短，脱硫反应来不及达到完全，加上其他条件的限制，因此焊接冶金的脱硫总比炼钢冶金时的脱硫效果差，所以必须严格控制焊接材料（包括焊芯及药皮）中的含硫量。

六、焊缝金属的脱磷

磷以铁的磷化物（Fe_2P、Fe_3P）形式存在于钢中，它能与铁形成低熔点共晶，聚于晶界，易引起热裂。更严重的是，这些低熔点共晶削弱了晶粒间的结合力，使钢在常温或低温时变脆（即冷脆性），造成冷裂，故磷在钢中是有害的杂质。因此，在低碳钢和低合金钢焊缝中，含磷量一般限制在 0.045% 以下；合金焊缝限制在 0.035% 以下。

脱磷的过程有两个阶段：

1. 将 P 氧化成 P_2O_5

$$2Fe_3P + 5FeO = P_2O_5 + 11Fe$$

$$2Fe_2P + 5FeO = P_2O_5 + 9Fe$$

上述反应是放热反应，高温时反应不易向右进行。这些反应虽然可以脱去一些磷，但远远不够，还需要使 P_2O_5 变成稳定的复合化合物而进入熔渣，以促进反应加速向右进行。因此需要第二阶段。

2. 利用碱性氧化物与 P_2O_5 复合成稳定的磷酸盐

碱性氧化物与 P_2O_5 结合的能力依次如下：

$$CaO > MgO > MnO > FeO > Al_2O_3 > Fe_2O_3 \text{（强→弱）}$$

CaO 效果最好，因此常用 CaO 脱磷。

$$3CaO + P_2O_5 = Ca_3P_2O_8$$

$$4CaO + P_2O_5 = Ca_4P_2O_9$$

从上述讨论中可知，熔渣中如同时有足够的自由 FeO 和自由 CaO（在渣中未形成稳定复合化合物的 FeO 或 CaO)，则脱磷效果好。但具体在碱性焊条或酸性焊条中，要同时具有上述两个条件是困难的。

碱性焊条熔渣中含有自由 CaO 较多，但碱性焊条脱氧性能强，因此不能同时有较多的自由 FeO，如一定要增加 FeO，势必引起焊缝金属中含氧量上升，以致降低焊缝性能。此外要求熔渣中 FeO 含量高，这又和脱氧要求相矛盾，因为脱硫同时要求脱氧。

酸性焊条中含自由 CaO 极少，因此脱磷效果较碱性焊条更差。由于脱磷较难，所以一般是以严格控制原材料中的含磷量为主。

七、焊缝金属的渗合金

焊接过程中，熔池金属中的合金元素会由于氧化和蒸发等造成烧损，因而降低了焊缝金属的合金成分和力学性能。为了使焊缝金属的成分、组织和性能符合预定的要求，就必须根据合金元素可能损失的情况，向熔池中添加一些合金元素，这种方法称为焊缝金属的渗合金。渗合金不但可以获得成分、组织和力学性能与母材相同或相近的焊缝金属，还可以向焊缝金属中渗入母材不含或少含的合金元素，造成化学成分、组织和性能与母材完全不同的焊缝金属，以满足焊件对焊缝金属的特殊要求。例如用堆焊的方法来提高焊件表面耐磨、耐热、耐蚀等性能，就是通过渗合金来达到的。

手工电弧焊时，向焊缝中渗合金的方式有两种：一种是通过焊芯（即利用合金钢焊芯）过渡；一种是通过焊条药皮（即将合金成分加在药皮里）过渡。也有的是这两种方式同时兼有。

通过焊芯渗合金时，焊芯中的合金元素含量应高于母材。但要炼制和拉成这样成分的焊芯，在生产上有一定的困难。采用合金钢焊芯，外面再涂以碱性熔渣的保护药皮，渗合金的效果与可靠性都好。

通过药皮渗合金，是在焊条药皮中加入各种铁合金粉末和合金元素，然后在焊接时，把这些元素过渡到焊缝金属中去，这种方法在生产上应用得较广泛。通常是采用在低碳钢（H08、H08A）焊条药皮中加入合金剂，从而达到渗合金的目的。通过药皮渗合金，一般均采用氧化性极低的碱性熔渣，以减少合金元素的烧损。有时也采用氧化性不大的酸性钛钙型熔渣。

焊条药皮常用的合金剂有：锰铁、铬铁、钼铁、钨铁、钛铁、硼铁等。

为了说明合金过渡情况，常用过渡系数（焊接材料中的合金元素过渡到焊缝金属中的数量与其原始含量的百分比）来表达：

$$\eta = \frac{C_F}{C_T} \text{ (\%)} \tag{1—2}$$

式中　η——合金元素过渡系数，%；

C_F——焊缝金属中某合金元素的含量；

C_T——该元素在焊条中原始总含量。

影响合金元素过渡系数 η 的因素很多，其中主要因素有焊接熔渣的酸碱度，合金元素本身对氧的亲和力。钛和氧的亲和力最大，最活泼，最易烧损，故其过渡系数最小。钨、钼、镍等对氧的亲和力最弱，所以它们的过渡系数就高，渗入焊缝金属的数量也多。为了提高某合金元素的过渡量，可在焊条药皮中加进比该合金元素具有更强脱氧能力的脱氧剂。

此外，为提高合金元素的过渡量，在制造焊条时，要使过渡金属的原料有较大的颗粒，以减少它与氧的接触面积，从而减少过渡时的烧损，并在焊接时采取短弧焊接，以减少空气中氧的侵入；同时，因缩短了熔滴过渡的路程，从而减少了熔滴过渡时与氧的接触时间，这些都有利于提高合金元素的过渡量。

这里还须说明，一般在焊条药皮中的合金剂和脱氧剂，两者常无明显的区分。即同一种合金元素，有时既起脱氧剂作用，又同时起合金剂的作用。如 E4303 焊条药皮中的锰铁，虽然主要用作脱氧剂，但也有少部分作为合金剂而渗入焊缝金属，以弥补焊丝或钢材中锰元素的烧损，改善焊缝金属的力学性能。

§1—4 焊缝结晶过程

焊缝金属从熔池中高温的液体状态冷却至常温的固体状态，经历了两次结晶过程，即从液相转变为固相的一次结晶过程和在固相焊缝金属中出现同素异构转变的二次结晶（或称重结晶）过程。同时，在焊缝的结晶过程中，出现了偏析现象，这将导致焊缝缺陷的产生。

一、焊缝金属的一次结晶

焊缝金属由液态转变为固态的凝固过程，即焊缝金属晶体结构的形成过程，称为焊缝金属的一次结晶。它遵循着金属结晶的一般规律，也包括“生核”和“长大”两个基本过程。

熔化焊时，随着电弧的移去，熔池液体金属温度逐渐降低，液态金属原子的活动能力也逐渐减小，原子间的吸引力逐渐增强。当达到凝固温度时（实际温度要比理论温度稍低些），液态金属的原子中，有局部原子开始作有规则的排列，形成最原始的微小晶体——晶核。在熔池中，最先出现晶核的部位是在熔合线（见图 1—3*a* 中焊缝的轮廓线）上，这是因为在整个熔池中，温度最高点是熔池前端的中心，熔合线处的散热条件好，则是熔池中温度最低的地方，也是最先达到凝固温度的部位。事实上，熔合线上的半熔化晶粒就成为附近液体金属结晶的晶核。随着熔池温度的不断降低，晶核开始向着与散热方向相反的一方长大，同时也向两侧较缓慢地长大（见图 1—3*b*）。在晶体长大的过程中，由于受到相邻长大晶体的阻挡，最后，晶体只能向熔池中心生长，从而形成了柱状结晶（见图 1—3*c*）。当柱状晶体不断长大至互相接触时，焊缝的这一断面的结晶过程结束（见图 1—3*d*）。

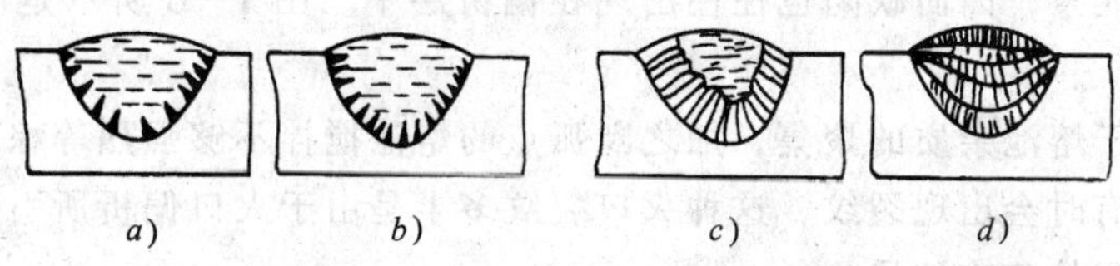

图 1—3 焊接熔池的结晶过程

a）开始结晶（生核） *b*）晶核长大 *c*）柱状结晶 *d*）结晶结束

二、焊缝结晶过程中的偏析现象

所谓“偏析”是指合金中化学成分的不均匀性。偏析对焊缝质量影响很大，不仅由于化学成分不均匀性而导致性能改变，同时也是产生裂纹、气孔、夹杂物等焊接缺陷的主要原因之一。

焊缝中的偏析，主要有显微偏析、区域偏析和层状偏析。

1. 显微偏析　在一个柱状晶粒内部和晶粒之间的化学成分不均匀现象，称为显微偏析。柱状晶粒“生长”的过程，一方面是在结晶的轴向延长，另一方面是径向扩展，如图 1—4 所示。焊缝结晶时最先结晶的结晶中心（即结晶轴）的金属最纯，而后结晶的部分含合金元素和杂质略高，最后结晶的部分，即晶粒的外缘和前端含合金元素和杂质更高。在一个柱状晶粒内部合金元素分布不均匀现象叫晶内偏析。焊缝结晶过程是无数个柱状晶粒同时生长的过程，每个晶粒都有自己的枝晶轴，很多相邻的晶粒都以自己的晶轴为中心向四周和前方发展，所以相邻晶粒之间的液体，结晶最迟，含有较多的合金元素和杂质，称为晶间偏析。

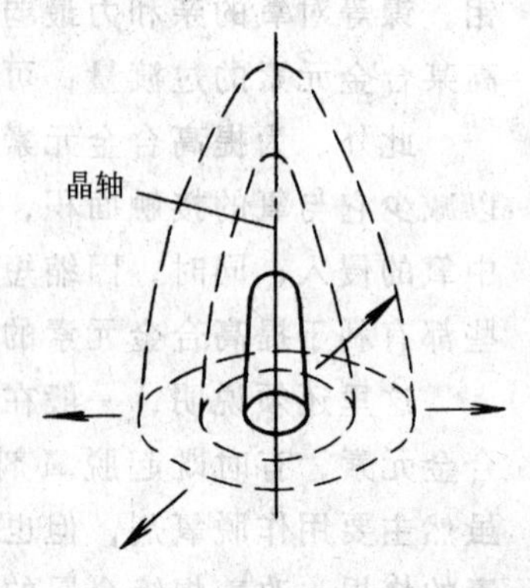

图 1—4　柱状晶粒生长过程

影响显微偏析的主要因素是金属的化学成分，金属的化学成分不同，金属开始结晶和结晶完了的区间就不相同，结晶区间越大，就越易产生显微偏析。一般对于低碳钢来说，因其结晶开始和终了的温度区间不大，所以显微偏析现象并不严重。而在高碳钢、合金钢含合金元素较多，结晶区间大，显微偏析现象就很严重，常常会因此而引起热裂纹等缺陷。所以高碳钢、合金钢等焊后必须进行扩散及细化晶粒的热处理，以此来消除显微偏析现象。

2. 区域偏析　熔池结晶时，由于柱状晶体的不断长大和推移，把杂质推向熔池中心，这样熔池中心的杂质含量要比其他部位高，这种现象称为区域偏析。

由于焊缝断面的形状不同，使产生偏析的地点发生变化。窄焊缝时，各柱状晶体的交界在中心，因此便有较多的杂质聚集在窄焊缝的中心（见图 1—5*a*），这时极易形成热裂纹。当焊缝宽时，杂质便聚集在焊缝上部（见图 1—5*b*），这种情况对焊缝在高温时的强度影响不大。因此可以利用这一特点来降低焊缝生成热裂纹的可能。例如，同样厚度的钢板，用多层、多道焊要比用一次深熔焊焊完，产生热裂的倾向小得多。

3. 层状偏析　焊接熔池始终是处于气流和熔滴金属的脉动作用，所以无论是金属的流动或热量的提供和传递都具有脉动的性质。同时熔池在结晶过程中要放出结晶潜热，当结晶潜热达到一定数值时，熔池的结晶暂时停顿，以后随着熔池的散热，结晶又开始。这些都可能使晶体成长速度出现周期性增加和减少。晶体长大速度的这种变动，伴随着出现结晶前沿液体金属中夹杂浓度的变化，这样就形成周期性的偏析现象，称为层状偏析。层状偏析常集中了一些有害的元素，因而缺陷也往往出现在偏析层中。图 1—6 所示是由层状偏析所造成的气孔。

焊接时，由于熔池杂质的聚集，加之断弧点的熔池搅拌不够强烈等综合作用的结果，因此在焊缝收尾处有时会出现裂纹，这种火口裂纹多半是由于火口偏析所引起的。

三、焊缝金属的二次结晶

一次结晶结束后，熔池金属就转变为固态的焊缝。高温的焊缝金属冷却到室温时，要经

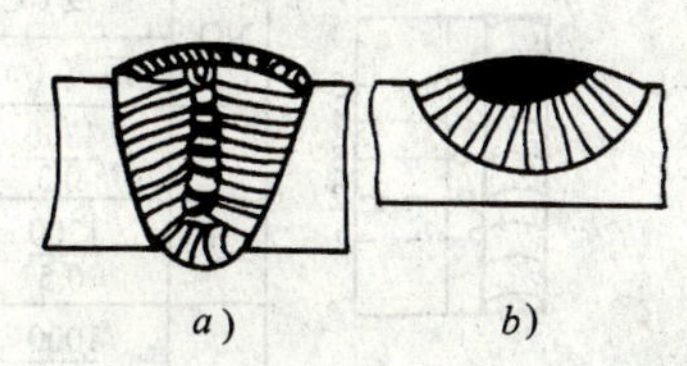

图 1—5 焊缝断面形状对偏析分布的影响

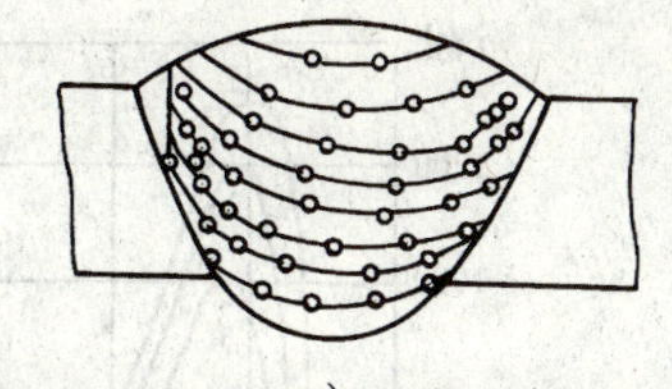

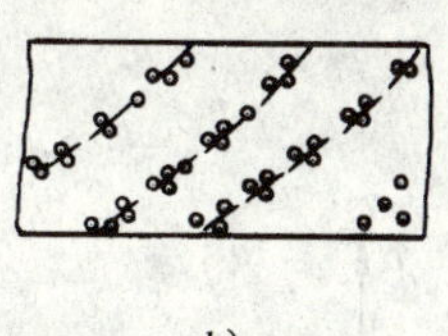

图 1—6 层状分布的气孔
a）焊缝横断面 b）焊缝纵断面

过一系列的相变过程，这种相变过程称为焊缝金属的二次结晶。

以低碳钢为例，一次结晶的晶粒都是奥氏体组织，当冷却到 A_{c3} 发生 γ—Fe→α—Fe 的转变，当温度再降低至 A_{c1} 时，余下的奥氏体分解为珠光体，所以低碳钢焊缝在常温下的组织，即二次结晶后的组织为铁素体加珠光体。在低碳钢的平衡组织中（即非常缓慢地冷却下来所得的组织）珠光体含量很少，但由于焊缝的冷却速度较大，所得珠光体含量一般都较平衡组织中的含量大，有关冷却速度对低碳钢的焊缝组织及性能的影响见表 1—2。从表中可以看出冷却速度越大，珠光体含量越高，而铁素体量越少，硬度和强度都有所提高，而塑性和韧性则有所降低。

表 1—2　　冷却速度与焊缝金属的硬度和组织的关系

冷却速度 (°C/s)	组 织 (%)		含 碳 量 (%)		焊缝金属的硬度 HRB
	铁素体	珠光体	按总化学成分	在珠光体中	
110	38	62	0.13	0.18	96
60	49	51	0.13	0.22	93
50	40	60	0.14	0.21	91
35	61	39	0.13	0.27	90
10	65	35	0.14	0.33	88
5	79	21	0.13	0.47	83
1	82	18	0.15	0.82	83

四、焊接热影响区

1. 焊接热循环曲线　在焊接热源作用下，焊件上某点的温度随时间变化的过程，称为该点的焊接热循环。在焊缝两侧距焊缝远近不同的各点，所经历的热循环不同。当热源向该点靠近时，该点的温度随之升高，直至达到最大值，随着热源的离开，温度又逐渐降低，整个过程可以用一条曲线来表示，叫热循环曲线（见图 1—7）。显然，距焊缝越近的各点，加热达到的最高温度越高，越远的各点加热的最高温度越低。

焊接热循环的主要参数是加热速度、最高温度 T_m、在相变温度（T_A）以上停留的时间 t_A 和冷却速度。

2. 焊接热影响区的组织和性能　焊接热循环对焊缝附近的母材在组织和性能上有着较大的影响。焊接热影响区就是指在焊接过程中，母材因受热的影响（但未熔化）而发生金相组织和力学性能变化的区域。焊接热影响区的组织和性能，基本上反映了焊接接头的性能和质量。

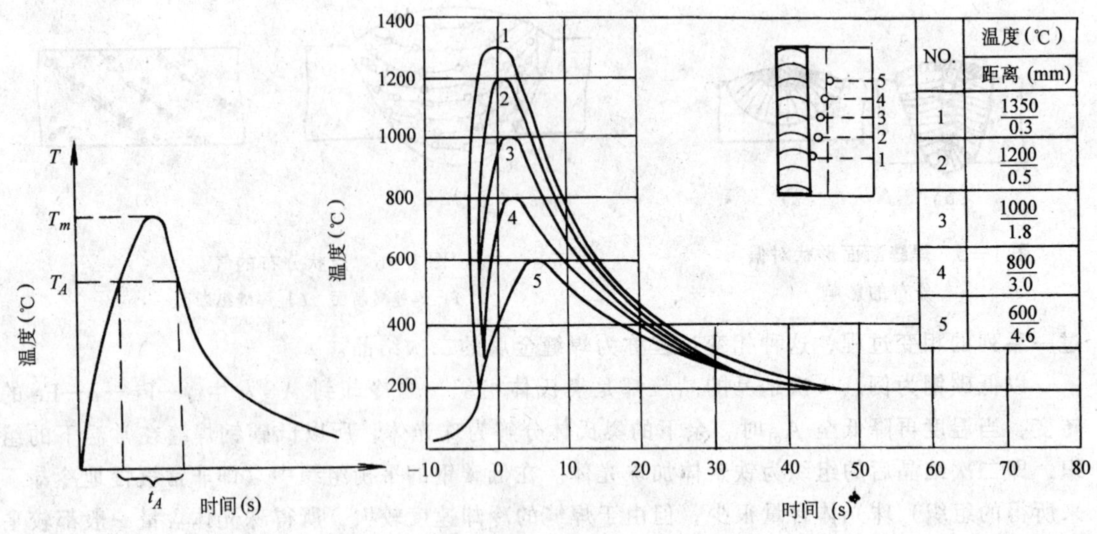

图 1—7　焊接热循环曲线

现以低碳钢和不易淬火钢（如 16Mn、15MnV、15MnTi 等）为例，讨论其热影响区的组织和性能。根据其组织特征可分为四个小区（见图 1—8）。

(1) 熔合区。熔合区是指在焊接接头中，焊缝向热影响区过渡的区域。它在焊缝金属与母材相邻的熔合线附近，又称半熔化区，温度处于铁碳合金状态图中固相线和液相线之间。在靠近母材的一侧，其金属组织是处于过热状态的组织，塑性很差。在各种熔化焊的条件下，这个区的范围虽然很窄，甚至在显微镜下也很难分辨出来，但对焊接接头的强度、塑性都有很大的影响。熔合区往往是使焊接接头产生裂纹或局部脆性破坏的发源地。

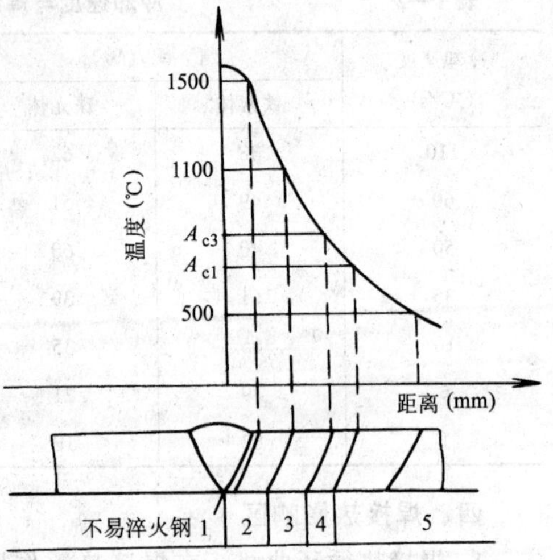

图 1—8　焊接热影响区的组织分布特征

(2) 过热区。焊接热影响区中，具有过热组织或晶粒显著粗大的区域。过热区所处的温度范围是在固相线以下到 1 100℃左右的区间内，在这样高的温度下，奥氏体晶粒严重长大，冷却之后就呈现为晶粒粗大的过热组织。在气焊和电渣焊的条件下，在这部分组织中可出现魏氏组织。

过热区的塑性很低，尤其冲击韧性要降低 20%～30%。如果在焊接刚性较大的结构时，常会在过热区出现裂纹。过热区的范围宽窄与焊接方法、焊接工艺参数和母材的板厚等有关。气焊和电渣焊时比较宽；手工电弧焊和埋弧自动焊时较窄；真空电子束焊时，过热区几乎不存在。

(3) 正火区。正火区的温度范围约在 A_{c3}～1 000℃之间。我们知道，钢被加热到 A_{c3} 以上稍高的温度后再冷却，将发生重结晶。即常温时的铁素体和珠光体此时全部转变为奥氏体，然后在空气中冷却，使金属内部重新结晶，而获得均匀而细小的铁素体和珠光体晶粒。

因此，正火区的金属组织即获得相当于热处理时的正火组织，该区也可称为相变重结晶区或细晶区，其力学性能可略高于母材。

(4) 不完全重结晶区。该区是焊接热影响区中处于 A_{c1} ~ A_{c3}之间温度范围的区域。对于低碳钢和某些低合金钢来说，焊接时当加热温度稍高于 A_{c1}，首先是珠光体转变为奥氏体。当温度升高时，部分铁素体开始逐步熔入奥氏体中，温度越高，铁素体就熔融得越多，直到 A_{c3}时，铁素体则全部熔解于奥氏体之中。当冷却时，又从奥氏体中析出细小的铁素体，直至冷却到 A_{c1}时，残余的奥氏体就转变为共析组织——珠光体。对不完全重结晶来说，由于处于 A_{c1} ~ A_{c3}的温度区间，故只有一部分组织发生了相变重结晶的过程，而始终未熔入奥氏体的铁素体不发生转变，晶粒比较粗大。所以这个区的金属组织是不均匀的，一部分是经过重结晶的晶粒细小的铁素体和珠光体，另一部分是粗大的铁素体。由于晶粒大小不同，所以力学性能也不均匀。

以上这四个区是焊接热影响区的主要组织特征。除此之外，如母材事先经过冷加工变形或由于焊接应力而造成的变形，在 A_{c1}以下，将发生再结晶过程，在金相组织上也有明显变化。

热影响区宽度的大小，对于间接判断焊接接头的质量有很大意义。除了由于组织变化而引起的性能差别外，还在焊接接头中产生应力与变形。一般来说，热影响区越窄，则焊接接头中内应力越大，越容易出现裂缝；热影响区越宽，则变形较大。因此在工艺上，应在焊接接头中内应力尚不足以促使产生裂缝的条件下，尽量减小热影响区的宽度，这对整个焊接接头的性能是有利的。

由于热影响区宽度的大小取决于焊件的最高温度分布情况，因此，焊接工艺参数、焊件大小和厚薄、金属材料热物理性质和接头形式等，对热影响区的宽度都有不同程度的影响。焊接方法对热影响区宽度的影响也很大，不同焊接方法的热影响区宽度见表 1—3。

表 1—3　　各种焊接方法的热影响区尺寸

焊接方法	各段平均尺寸（mm）			总宽度（mm）
	过热段	正火段	不完全重结晶段	
手工电弧焊	2.2	1.6	2.2	6.0
埋弧自动焊	0.8~1.2	0.8~1.7	0.7	2.5
电渣焊	18.0	5.0	2.0	25.0
气焊	21.0	4.0	2.0	27.0

§1—5　焊缝中的气孔

焊接时，熔池中的气泡在凝固时未能及时逸出，而残留下来所形成的空穴，称为气孔。气孔按其形状可分为球形气孔、条虫状气孔、针状气孔、椭圆形及旋涡状气孔。气孔的大小从显微尺寸到直径几毫米都有；气孔按其分布有单个气孔、密集气孔及连接气孔等；气孔按其产生的部位有内部气孔和外部气孔；按形成气孔的主要气体分为氢气孔、一氧化碳气孔、氮气孔等。

焊缝中存在气孔，会削弱焊缝的有效工作截面，因此降低了焊缝的力学性能，使焊缝金属的塑性，特别是弯曲和冲击韧性降低得更多。气孔严重时，会使金属结构在工作时遭到破坏。

一、焊缝中气孔的形成

气孔的形成一般是经历四个过程：气体的吸收过程；气体的析出过程；气孔的长大过程；气泡的上浮过程，最后形成气孔。

1. 气体的吸收　在焊接过程中，熔池周围充满着成分复杂的各种气体，这些气体主要来自于空气；药皮和焊剂的分解及它们燃烧的产物；焊件上的铁锈、油漆，油脂受热后产生的气体等。这些气体的分子在电弧高温作用下，很快被分解成原子状态，并被金属熔滴所吸附，不断地向液体熔池内部扩散和熔融，气体基本上以原子状态熔入到熔池金属中去。而且温度越高，金属中熔入气体的量越多。图 1—2 所示是压力为一大气压的氢和氮在不同高温下的铁中的溶解度曲线。如图所示，当铁处于液体状态时，氢和氮容易熔入到铁中去，并且随着温度的升高，氢和氮在铁中的溶解度也提高。

在焊接钢材时，由于熔池温度可达 1 700°C 左右，熔滴的温度会更高，因此在电弧空间如有氢和氮存在，便会熔入铁中，形成气孔。

2. 气体的析出　气体的析出是指气体从液体金属内析出，并形成气泡。随着焊接过程中熔池金属温度的降低，气体在液体金属中的溶解度也相应减小，因而一部分气体要析出，此时析出的气体极易被吸附在熔池底部成长的柱状晶粒的表面上，产生了气泡的核心。

3. 气泡的长大　由于熔池温度的不断降低，析出气体不断被凝固的晶粒所吸附，气泡内部压力大于阻碍气泡长大的外界压力，便使气泡不断长大。

4. 气泡的上浮　在气泡核形成之后，又经过一个短暂的长大过程，当气泡长大到一定的尺寸时，开始脱离结晶表面的吸附而上浮。

从上述四个过程中，可分析得知在焊缝中形成气孔的原因：

(1) 熔池中熔入大量的气体是形成气孔的先决条件之一。

(2) 当熔池底部出现气泡核并逐渐长大到一定程度，如阻碍气泡长大的外界压力大于或等于气泡内压力时，气泡便不再长大，而其尺寸大小不足以使气泡脱离结晶表面的吸附，无法上浮，此时便可能形成气孔。

(3) 当气泡长大到一定尺寸并开始上浮时，如果上浮的速度小于金属熔池的结晶速度，那么气泡就可能残留在凝固的焊缝金属中，成为气孔。

(4) 如果在熔池金属中出现过饱和气体状态的温度过低或在焊缝结晶后期才产生气泡，则容易形成气孔。

二、影响焊缝中形成气孔的因素

1. 不同气体的影响　焊缝中气孔的形成往往是几种气体共同作用的结果，在某种情况下，则往往以某一种气体为主。焊接时，起主要影响的气体是一氧化碳、氢和氮。

(1) 一氧化碳的影响。在焊接铁碳合金时，电弧气氛中一氧化碳的含量很多，其主要来源于焊丝金属、药皮、保护气体（如二氧化碳气体保护焊）和熔池。

在焊接熔池中，产生一氧化碳的途径主要有两个，即碳被空气中的氧直接氧化和通过冶金反应生成。方程式如下：

$$C + O = CO$$

$$FeO + C = CO + Fe - Q$$

由上反应式可知，碳被氧化的反应是吸热反应，当温度升高，反应向着生成一氧化碳的方向进行。上述两个反应在熔滴过渡过程和在熔池中都能进行。

一氧化碳不熔于液体金属中，而且一般一氧化碳在熔池金属温度较高的时候形成，所以大部分来得及以气泡形式从液态金属中逸出。但是由于熔池金属在整个结晶过程中会出现碳及氧化亚铁的偏析，这样，尽管到达结晶后期，熔池温度已下降，而局部区域碳及氧化亚铁的浓度增加，仍能使上述反应继续进行，而生成一氧化碳。这时随着温度的继续下降，金属液体的黏度增大了，吸热反应又加速了熔池金属的结晶速度，因而使一氧化碳气泡来不及逸出而形成气孔。一氧化碳气孔，一般沿结晶方向呈长条形，在内部呈椭圆形。

(2) 氢的影响。焊接时，电弧区中氢的主要来源是药皮或焊剂中过多的水分，焊件表面的铁锈、油污、水分等杂质，及钢材冶炼时的残留氢。

由于铁锈是氧化铁的水化物（通式为 $m\mathrm{Fe_2O_3}\cdot n\mathrm{H_2O}$），也包含四氧化三铁的水化物（$\mathrm{Fe_3O_4\cdot H_2O}$），在电弧焊接的条件下，这些以结晶水形式存在的水分，便产生大量的水蒸气，并使铁氧化而产生氢气：

$$\mathrm{Fe + H_2O = FeO + H_2}$$

$$\mathrm{3FeO + H_2O = Fe_3O_4 + H_2}$$

$$\mathrm{2Fe_3O_4 + H_2O = 3Fe_2O_3 + H_2}$$

当液态金属具有足够高的温度时，这些氢便以原子或正离子的形式熔入，扩散至熔池金属中，这也是焊接有铁锈金属易产生氢气孔较主要的原因。

由图 1—2 所示可知，高温时熔入熔池的氢，在熔池金属的冷却过程中，其溶解度急剧下降，致使金属液体呈氢的过饱和状态，这时便有氢析出。析出的氢原子在遇到非金属夹杂时，便在其表面积聚形成气泡，剧烈地向外排出。随着熔池结晶的继续，当氢气泡来不及浮出金属表面时，便形成氢气孔。氢气孔一般在表面呈旋涡形，内部呈球形。

(3) 氮的影响。氮主要来自空气。氮引起气孔的原因与氢相似，也是由于随着温度的降低，溶解度急剧降低的缘故。

氮气孔一般是在电弧区没有得到有效的保护，受到空气侵入时才会出现，在正常情况下很少会形成氮气孔。

(4) 氧的影响。氧的主要来源是空气和药皮中高价氧化物的分解。适量的氧能减少氢气孔的生成，这是因为氧原子在高温时能与氢原子结合成稳定的化合物（OH），而 OH 不熔于金属：

$$\mathrm{MnO + H \rightleftharpoons Mn + OH}$$

$$\mathrm{MgO + H \rightleftharpoons Mg + OH}$$

$$\mathrm{SiO_2 + H \rightleftharpoons SiO + OH}$$

可见大量的氢原子被氧束缚，从而减少了产生氢气孔的可能。

氧对产生一氧化碳气孔的影响，同前所述。

2. 药皮和焊剂的影响　在药皮和焊剂中萤石（$\mathrm{CaF_2}$）的存在可提高抗锈性，这是因为萤石中的氟能与氢化合生成稳定的化合物氟化氢（HF），它不熔于液体金属而直接从电弧空间扩散至空气中，从而减少了氢气孔。

如药皮中含 $\mathrm{SiO_2}$ 时，可使 $\mathrm{CaF_2}$ 对防止氢气孔的产生显示更好的作用：

$$\mathrm{2CaF_2 + 3SiO_2 \rightleftharpoons 2CaSiO_3 + SiF_4}$$

$$SiF_4 + 3H \rightleftharpoons 3HF\uparrow + SiF$$

如果没有 CaF_2，当 SiO_2 达到一定含量时，也具有抗锈的能力。因为 SiO_2 是酸性氧化物，熔化在熔渣中的氧化亚铁是碱性，两者便生成了复合化合物（$FeO \cdot SiO_2$），使 FeO 减少，这样便减少了产生 CO 气孔的可能。图 1—9 所示为 CaF_2 和 SiO_2 对抵抗气孔的作用。

此外，有些氧化物，如 MnO、MgO 等，由于在高温时锰和镁对氧的亲和力小于氢和氧的亲和力，因而使形成的 OH 在高温稳定存在，所以减少了氢气孔生成的可能性。

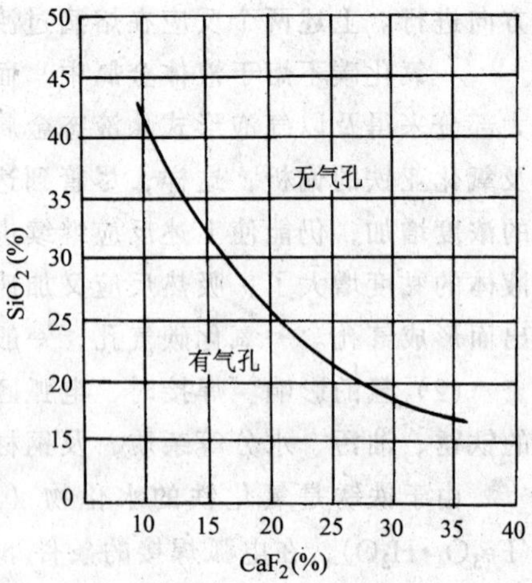

图 1—9　CaF_2 和 SiO_2 对抗气孔的作用

3. 焊接方法的影响

(1) 埋弧自动焊。埋弧焊焊接熔池的熔深大，焊速也大，因此产生气孔的倾向较大。但只要正确选择焊接工艺及焊接工艺参数，仍能获得优质的焊缝。

(2) 气焊。气焊火焰中有较多的氧气和乙炔，故促使生成较多的 CO，但由于气焊熔池相对存在的时间较长，所以产生气孔的倾向反而比电弧焊时小。

(3) 惰性气体保护焊。惰性气体保护焊时，如由于某种原因，熔池未保护好，使空气侵入电弧区，便会导致气孔。

4. 焊接速度及冷却速度的影响　一般生产经验证明，当焊接速度较大，同时熔池的冷却速度也较大时，就易产生气孔。这是由于气泡由焊缝中逸出，很大程度上决定于熔池存在的时间 t：

$$t = \frac{L}{v} = \frac{kuI}{v} \tag{1—3}$$

式中　L ——熔池的长度，mm；

v ——焊速，m/h；

I ——焊接电流，A；

u ——电弧电压，V；

k ——常数。

由公式（1—3）可知：当电弧功率不变时，焊速越大，则 t 越小，即减少了熔池存在时间，因而增加了产生气孔的倾向；当焊速不变，增加电弧功率，会使熔池存在时间增长，从而减少了生成气孔的倾向。但焊接功率过大也有不利之处，甚至烧穿焊件；为防止气孔的生成，当焊速增加时，就必须相应地增加电弧功率。

影响焊缝中形成气孔的因素还有很多，如电弧长度的影响和电源极性的影响等。当电弧长度过分增加时，就会产生大量气孔，尤其在手工电弧焊时，更是如此；采用直流反接可减少产生氢气孔的可能，因为氢气实际上是以正离子形式熔入熔池，当熔池处于阴极时（反接），弧柱空间的氢正离子在熔池表面遇到电子，使之复合为氢原子，从而阻碍了氢的熔入。

三、防止产生气孔的方法

1. 消除产生气孔的各种来源

(1) 仔细清除焊件表面上的脏物，在焊缝两侧 20～30 mm 范围内进行除锈、去污。

(2) 焊丝不应生锈，焊条、焊剂要清洁，并按规定烘干焊条或焊剂，含水分不超过0.1%。

(3) 焊条或焊剂要合理存放，防止受潮。

2. 加强熔池保护

(1) 焊条药皮不要脱落，焊剂或保护气体送给不能中断。

(2) 采用短弧焊接，电弧不得随意拉长，操作时适当配合动作，以利气体逸出，注意正确引弧；操作时发现焊条偏心要及时倾斜焊条，保持电弧稳定。

(3) 装配间隙不要过大。

3. 正确执行焊接工艺规程

(1) 选择适当的焊接工艺参数，运条速度不得太快。

(2) 对导热快、散热面积大的焊件，若周围环境温度低时，应进行预热。

§1—6 焊接裂纹

裂纹是焊接结构最危险的一种缺陷，不仅会使产品报废，而且还可能引起严重的事故。

在焊接生产中出现的裂纹形式是多种多样的，有的裂纹出现在焊缝表面，肉眼就能观察到；有的隐藏在焊缝内部，通过探伤检查才能发现。有的产生在焊缝中；有的则产生在热影响区中。不论是在焊缝或热影响区上的裂纹，平行于焊缝的称为纵向裂纹，垂直于焊缝的称为横向裂纹，而产生在收尾处弧坑的裂纹称火口裂纹或弧坑裂纹（见图 1—10）。根据裂纹产生的情况，把焊接裂纹归纳为热裂纹、冷裂纹、再热裂纹和层状撕裂，这里主要讨论热裂纹和冷裂纹。

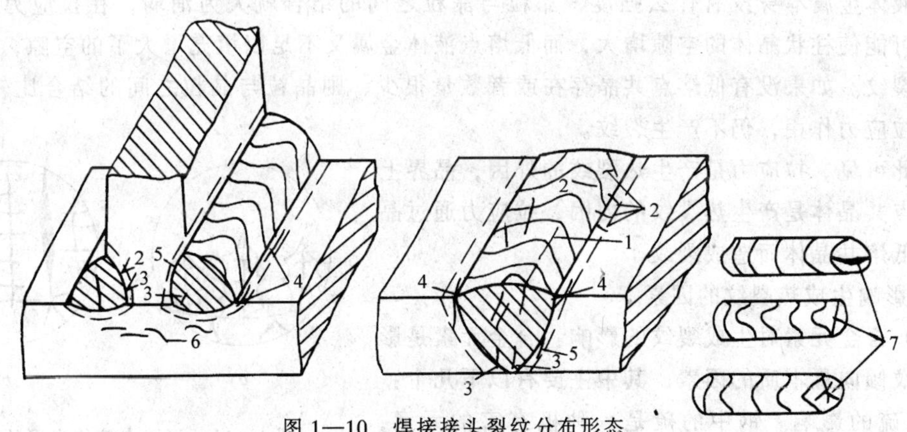

图 1—10 焊接接头裂纹分布形态

1—纵向裂纹 2—横向裂纹 3—焊根裂纹 4—焊趾裂纹 5—焊道下裂纹

6—层状撕裂 7—弧坑裂纹

一、热裂纹

焊接过程中，焊缝和热影响区金属冷却到固相线附近高温区产生的裂纹称为热裂纹。

1. 热裂纹特点

(1) 产生时间。热裂纹一般产生在焊缝的结晶过程中，故又称结晶裂纹或凝固裂纹。在焊缝金属凝固后的冷却过程中，还可能继续发展。所以，它的发生和发展都处在高温下；从时间上来说，是处于焊接过程中。

(2) 产生的部位。热裂纹绝大多数产生在焊缝金属中，有的是纵向，有的是横向。发生在弧坑中的热裂纹往往呈星状，有时热裂纹也会发展到母材中去。

(3) 外观特征。热裂纹大多处在焊缝中心或者处在焊缝两侧，其方向与焊缝的波纹线相垂直，露在焊缝表面的有明显的锯齿形状，也常有不明显的锯齿形状。凡是露在焊缝表面的热裂纹，由于氧在高温下进入裂纹内部，所以裂纹断面上都可以发现明显的氧化色彩。

(4) 金相结构上的特征。将产生裂纹处的金相断面作宏观分析时，发现热裂纹都发生在晶界上，因此不难理解，热裂纹的外形之所以是锯齿形，是因为晶界就是交错生长的晶粒的轮廓线，故不可能平滑。

2. 热裂纹产生的原因　我们知道，要使一件东西破坏必须有力的作用。而裂纹既然是一种局部的破坏，要产生裂纹必然也要有力的作用。

焊接中这种力是如何产生的呢？这是因为焊接过程是一个局部加热的过程，无论是电弧焊或电阻焊，都是将局部金属加热到熔化状态，液体金属凝固后就将金属连接起来。但是，焊缝金属从液体变成固体时，体积要缩小，同时凝固后的焊缝金属在冷却过程中体积也会收缩，而焊缝周围金属阻碍了上述这些收缩，这样焊缝就受到了一定的拉应力作用。在焊缝刚开始凝固和结晶时，这种拉应力就产生了，但是这时的拉应力不会引起裂纹，因为这时晶粒刚开始生长（见图 1—11*a*），液体金属比较多，流动性比较好，可以在晶粒间自由流动，因而由于拉应力而造成的晶粒间的间隙，都能被液体金属填满。当温度继续下降时，柱状晶体继续生长，拉应力也逐渐增大。如果此时焊缝中有低熔共晶体存在，则由于它熔点低，凝固晚，被柱状晶体推向晶界，聚集在晶界上。因此当焊缝金属大部分已经凝固时，这些低熔点金属尚未凝固，在晶界就形成所谓“液体夹层”（见图 1—11*b*），这时的拉应力已发展得较大，而液体金属本身没有什么强度，晶粒与晶粒之间的结合就大为消弱，在拉应力的作用下，就可能使柱状晶体的空隙增大，而低熔点液体金属又不足以填充增大了的空隙，这样就产生了裂纹。如果没有低熔点共晶存在或者数量很少，则晶粒与晶粒之间的结合比较牢固，虽然有拉应力作用，仍不产生裂纹。

由此可见，拉应力是产生热裂纹的外因，晶界上的低熔点共晶体是产生热裂纹的内因，拉应力通过晶界上的低熔共晶体而造成裂纹。

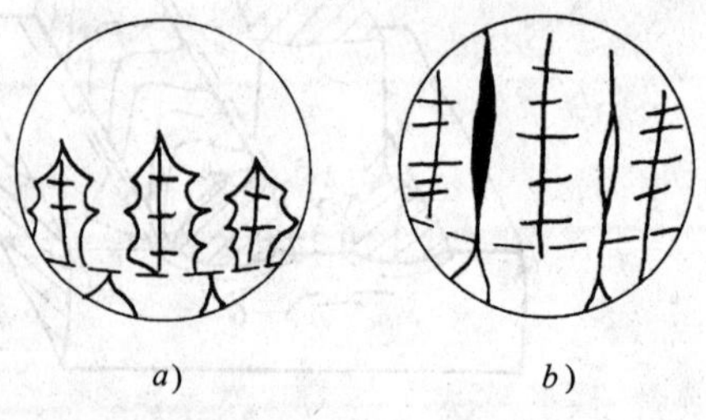

a)　　*b*)

图 1—11　焊缝中液体夹层的形成
a）结晶初期　*b*）结晶后期

3. 影响生成热裂纹的因素

(1) 合金元素对生成裂纹的影响。合金元素是影响热裂纹倾向最本质的因素，其中主要有以下几个：

1）硫的影响。钢中的硫是一种极有害的元素，在生产钢材时，硫不可避免地以杂质形式混入钢材，它同铁形成 FeS。FeS 与铁及 FeO 都能形成低熔点共晶体。铁同 FeS 形成的低熔共晶体熔点为 985℃，而 FeS 同 FeO 形成的低熔共晶体熔点为 940℃，它的熔点比钢的熔点要低得多。这些低熔共晶体在焊缝结晶时聚集在晶界上，当焊缝金属大部分已凝固时，它尚未凝固，因而成为产生裂纹的前提。在焊接含镍的高合金钢和镍基合金时，硫更是有害的元素。硫与镍能形成熔点更低的低熔点共晶，其熔点仅为 664 ℃，当含硫量超过 0.02%时就有产生热裂纹的危险。因此在焊接镍基合金或含镍的高合金钢时，更应注意热裂倾向。

2）碳的影响。当碳素钢和低合金钢的含碳量增加时，焊缝产生热裂纹的倾向增大。这时因为焊缝金属的淬硬性增加，使焊缝中由于组织变化而产生的应力增大。更主要的是形成低熔点共晶体的可能性增加的缘故。

碳不仅极易与钢中的铬、镍等元素形成低熔点共晶，而且能降低硫在铁中的溶解度，使硫与铁化合成 FeS 的可能性增加，从而促使形成低熔点共晶。这时因为熔于铁中的硫对形成热裂纹的影响并不大，只有过饱和的硫能与铁化合，随后导致热裂纹的产生。

3）硅的影响。碳钢中硅对产生热裂纹的影响与碳相似，但比碳要弱得多。

4）工艺因素的影响。焊缝的成形系数（Ψ）对热裂纹有一定的影响，但成形系数对焊缝产生热裂纹的影响同含碳量有一定的关系，如图 1—12 所示，成形系数过大或过小都易产生裂纹。这是因为 Ψ 过大时，焊缝过薄，强度不够；Ψ 过小时，低熔点共晶会被挤向焊缝中心，正好集中在树枝状结晶的对接部位，使得抵抗拉应力的能力特别弱。

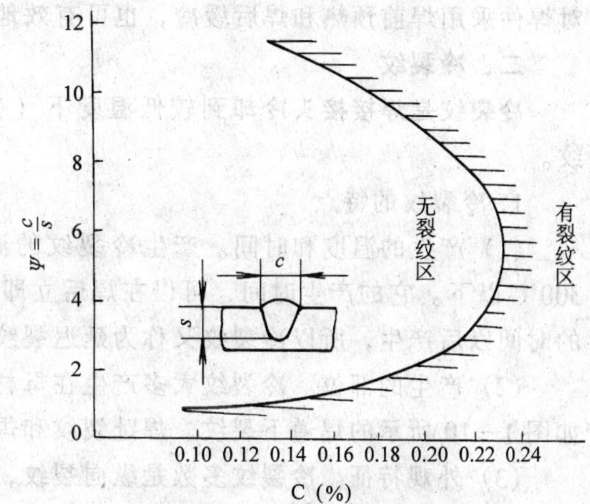

图 1—12　焊缝成形系数，含碳量对焊缝抗热裂的影响

(2) 一次结晶组织对裂纹倾向的影响。熔池金属在一次结晶过程中，晶粒的大小、形态和方向对焊缝金属的抗裂性有很大的影响。一次结晶的晶粒越粗大，柱状晶的方向越明显，则产生热裂纹的倾向就越大。

(3) 力学因素对产生热裂纹的影响。焊接拉应力是产生裂纹的必要条件，当结构形状复杂、接头刚性大、焊缝冷却速度快和焊接顺序不合理时，焊接拉应力就大，因此热裂纹倾向就大。

4. 防止热裂纹的措施

(1) 降低母材和焊丝的含硫量。对碳钢和低合金钢来说，含硫量应不大于 0.025%～0.045%；对于焊丝来说，含硫量一般不大于 0.03%。焊接高合金钢用的焊丝，其含硫量则不大于 0.02%。

(2) 降低焊缝的含碳量。通过实践得知，当焊缝金属中的含碳量小于 0.15%时，产生裂纹的倾向就小。所以一般碳钢焊丝如 H08、H08A、H08Mn2Si、H08Mn2SiA 等，最高含碳量都不超过 0.11%。在焊接低合金高强度钢时，也尽量减少焊缝金属的含碳量。由于含碳量降低会使焊缝强度也降低，需依靠其他合金元素使焊缝保持一定的强度。如平均含碳量为 0.3%的低合金高强度钢 30CrMnSiA，使用的焊条芯为 H18CrMoA，其平均含碳量只有 0.18%；为提高焊缝强度，加入了适量的钼。这种钢材的薄板用二氧化碳气体保护焊时，采用的焊丝为 H08Mn2SiA，其最高含碳量仅为 0.11%。

(3) 提高焊丝的含锰量。锰能与 FeS 作用生成 MnS，MnS 本身的熔点比较高，也不会与其他元素形成低熔点共晶，所以可降低硫的有害作用。一般在含锰量低于 2.5%时，锰均可起到有利的作用。在高合金钢和镍基合金中，同样可利用锰来消除硫的有害作用。

(4) 加变质剂。当在焊缝金属中加入钛、铝、锆、硼或稀土金属铈和镧等变质剂时，能起到细化晶粒的作用。由于晶粒变细了，因此晶粒相对增多，晶界也随之增多。这样，即使存在低熔点共晶，也会被分散开来，使分布在晶界局部区域的杂质数量减少了，有利于消除热裂纹。最常用的变质剂是钛。

(5) 形成双相组织。如铬镍奥氏体不锈钢焊接时，当焊缝形成奥氏体加铁素体（<5%）的双相组织时，不仅打乱了奥氏体相的方向性，使焊缝组织变细，而且提高了焊缝的抗热裂性能。

(6) 采用适当的工艺措施。如选用合理的成形系数；选择合理的焊接顺序和焊接方向；对焊件采用焊前预热和焊后缓冷，也可有效地减少焊接应力，以防止热裂纹的产生。

二、冷裂纹

冷裂纹是焊接接头冷却到较低温度下（对于钢来说在 M_s 温度以下）时产生的焊接裂纹。

1. 冷裂纹的特点

(1) 产生的温度和时间。产生冷裂纹的温度通常在马氏体转变的温度范围，约 200～300℃以下。它的产生时间，可以在焊后立即出现，也可以在延迟几小时、几周、甚至更长的时间以后产生，所以冷裂纹又称为延迟裂纹。

(2) 产生的部位。冷裂纹大多产生在母材或母材与焊缝交界的熔合线上。最常见的部位如图 1—10 所示的焊道下裂纹、焊趾裂纹和焊根裂纹。

(3) 外观特征。冷裂纹多数是纵向裂纹，在少数情况下，也可能有横向裂纹。显露在接头金属表面的冷裂纹断面上，没有明显的氧化色彩，所以断口发亮。

(4) 金相结构上的特征。冷裂纹一般为穿晶裂纹，在少数情况下也可能沿晶界发展。

2. 冷裂纹产生的原因

(1) 淬硬倾向。焊接时，钢的淬硬倾向越大，越易产生冷裂纹。因为碎硬倾向越大，就意味着得到更多的马氏体组织，马氏体是一种硬脆的组织，在一定的应变条件下，马氏体由于变形能力低而容易发生脆性断裂，形成裂纹。

焊接接头的淬硬倾向主要和钢的化学成分、焊接工艺、结构板厚及冷却条件有关。

(2) 氢的作用。焊接时，焊缝金属吸收了较多的氢，由于焊缝冷却速度很快，氢往往来不及全部析出，所以仍有一部分氢留在焊缝金属内。在固体金属中，氢在奥氏体组织中的溶解度比在铁素体中的溶解度大。由于焊缝金属的含碳量低，冷却过程中在较高温度下奥氏体就开始析出铁素体，也就是焊缝的组织转变比热影响区金属早（参见铁碳平衡图）。而氢在铁素体中的溶解度又比奥氏体小，故焊缝中就有氢析出，但氢在铁素体中的扩散速度却比较大（见表 1—4）。这些氢就扩散到近旁仍为奥氏体组织的热影响区，使热影响区的含氢量增加。在随后的冷却过程中，当热影响区的奥氏体也析出铁素体时，氢的溶解度降低，这样就有相当多过剩的氢析出，聚集在热影响区熔合线附近，形成一个富氢带。如果焊接的是低合金高强度钢，则奥氏体将转变为马氏体。马氏体和铁素体一样，氢的溶解度也比奥氏体小得多，所以在焊接接头冷却时，析出的氢就向周围热影响区扩散，待热影响区转变为马氏体后，在热影响区内就会聚集相当多的氢，达到过饱和状态，当这区域存在显微缺陷，如原子空位、空穴等时，氢原子就在这些地方结合成分子状态的氢，在局部地区造成很大的压力，加上奥氏体组织在转变为马氏体组织时，由于体积膨胀而产生的巨大组织应力，就促使钢发生破坏，从而形成裂纹。氢在奥氏体和铁素体中的溶解度及扩散能力，见表 1—4。

表 1—4　　氢在奥氏体和铁素体中的溶解度及扩散能力

温　度（℃）	氢的溶解度（cm^3/100 g 金属）		氢的扩散能力［cm^3/（mm^2·h）］	
	在奥氏体中	在铁素体中	在奥氏体中	在铁素体中
500	4	0.75	0.018	0.26
100	0.9	0.2	0.000 000 026	0.000 26

(3) 焊接应力。焊接接头内部存在的应力，一是由于温度分布不均造成的温度应力和由于相变（特别是马氏体转变）形成的组织应力；二是外部应力，包括刚性约束条件、焊接结构的自重、工作载荷等引起的应力。

总之，氢、淬硬组织和应力这三个因素是导致冷裂纹的主要原因，它们相互促进，不过在不同情况下，三者中必有一种是更为主导的因素。例如一般低碳低合金高强度钢中，虽有高的淬透性，但低碳马氏体组织对氢的敏感性不十分大，可是当含氢量达到一定数值时，仍产生了裂纹，此时冷裂纹的主要原因是氢。对于中碳高强度合金钢，具有高的淬硬性，而淬硬组织有高的氢脆敏感性，此时的主要原因为淬硬组织。又如焊根有未焊透或咬边等缺陷，及余高截面变化很大，存在较高的应力集中区，则应力就成为主要矛盾。

3. 防止冷裂纹的措施

(1) 焊前预热和焊后缓冷。焊前预热的作用，一则是在焊接时减少由于温差过大而产生的焊接应力；另一则是可减缓冷却速度，以改善接头的显微组织。预热可对焊件总体加热，也可以是焊缝附近区域的局部加热，或者边焊接边不断补充加热。

采用适当缓冷的方法，如在焊后包扎绝热材料石棉布、玻璃纤维等，以达到焊后缓冷的目的，可降低焊接热影响区的硬度和脆性，提高塑性；并使接头中的氢加速向外扩散。

(2) 采用减少氢的工艺措施。焊前，将焊条、焊剂按烘干规范严格烘干，并且随用随取；仔细清理坡口、去油除锈，防止将环境中的水分带入焊缝中；正确选择电源与极性；注意操作方法。

(3) 合理选用焊接材料。选用碱性低氢型焊条，可减少带入焊缝中的氢。采用不锈钢或奥氏体镍基合金材料作焊丝和焊条芯，在焊接高强度钢时，不仅由于这些合金的塑性较好，可抵消马氏体转变时造成的一部分应力，而且由于这类合金均为奥氏体，氢在其中的溶解度高，扩散速度慢，使氢不易向热影响区扩散和聚集。

(4) 采用适当的工艺参数。适当减慢焊接速度，可使焊接接头的冷却速度慢一些。过高或过低的焊接速度，前者易产生淬火组织；后者使热影响区严重过热，晶粒粗大，热影响区的淬火区也加宽，都将促使冷裂纹的产生。因此工艺参数应选得合适。

(5) 选用合理的装焊顺序。合理的装焊顺序、焊接方向等，均可以改善焊件的应力状态。

(6) 进行焊后热处理。焊件在焊后及时进行热处理，如进行高温回火，可使氢扩散排出，也可改善接头的组织和性能，减少焊接应力。

复 习 题

1. 影响熔滴过渡的作用力有哪些？它们在焊接过程中的作用如何？

2. 焊接化学冶金过程的特点是什么？

3. 叙述焊接区氧、氮、氢的来源及其对焊缝金属的影响？

4. 什么叫熔渣？如何确定熔渣的酸、碱度？

5. 焊缝金属脱氧的途径有哪些？酸、碱性焊条各采用什么途径？哪种焊条脱氧效果好？为什么？

6. 硫在焊缝金属中有什么危害？焊缝金属脱硫的途径有哪些？酸、碱性焊条各采用什么途径？

7. 为什么要向焊缝金属渗合金？渗合金的方式有几种？影响合金元素向焊缝金属过渡的主要因素有哪些？

8. 什么叫焊缝金属的一次结晶和二次结晶？

9. 什么叫偏析？焊缝偏析有几种形式？偏析有什么危害？

10. 什么是焊接热循环？焊接热循环的主要参数有哪些？

11. 什么叫焊接热影响区？低碳钢和不易淬火钢热影响区的组织和性能如何？

12. 什么叫气孔？气孔对焊缝金属的影响如何？

13. 防止焊缝中产生气孔的方法有哪些？

14. 热裂纹有哪些特点？它的产生原因是什么？防止热裂纹的措施有哪些？

15. 冷裂纹有哪些特点？它的产生原因是什么？防止冷裂纹的措施有哪些？

第二章　焊接工艺及设备

§2—1　气体保护焊（CO_2、Ar）的工艺及设备

气体保护焊与其他焊接方法相比，具有：

(1) 明弧焊。焊接过程中，一般没有熔渣，熔池的可见度好，适宜进行全位置焊接。

(2) 热量集中。电弧在保护气体的压缩下，热量集中，焊接热影响区窄，焊件变形小，尤其适用于薄板焊接。

(3) 可焊接化学性质活泼的金属及其合金。采用惰性气体焊接化学性质活泼的金属，可获得高的接头质量。

一、CO_2 气体保护焊

1. 特点

(1) CO_2 气体的氧化性。CO_2 气体是氧化性气体，来源广，成本低，焊接时 CO_2 气体被大量的分解，分解出来的原子氧具有强烈的氧化性。

常用的脱氧措施是加入铝、钛、硅、锰脱氧剂。其中硅、锰用得最多。

(2) 气孔。由于气流的冷却作用，熔池凝固较快，很容易在焊缝中产生气孔。但有利于薄板焊接，焊后变形也小。

1）一氧化碳气孔。在焊接熔池开始结晶或结晶过程中，熔池中的碳与 FeO 反应生成的 CO 气体来不及逸出，而形成气孔。若在焊丝中加入较多的脱氧元素，并限制碳的含量，产生 CO 气孔的可能性很小。

2）氮气孔。原因是保护气层遭到破坏，使大量空气侵入焊接区所致。

3）氢气孔。主要来自油污、铁锈及水分。CO_2 气体具有氧化性，可以抑制氢气孔的产生，只要焊接前对 CO_2 气孔进行干燥处理，去除水分，则产生氢气孔的可能性很小。

因此，CO_2 气体保护焊焊缝产生的气孔主要是氮气。加强保护是防止气孔的重要措施。

(3) 抗冷裂性。由于焊接接头含氢量少，所以 CO_2 气体保护焊具有较高的抗冷裂能力。

(4) 飞溅。飞溅是二氧化碳气体保护焊的主要缺点。产生飞溅的原因有以下几方面：

1）由 CO 气体造成的飞溅。CO_2 气体分解后具有强烈的氧化性，使碳氧化成 CO 气体，CO 气体受热急剧膨胀，造成熔滴爆破，产生大量细粒飞溅。减少这种飞溅的方法可采用脱氧元素多、含碳量低的脱氧焊丝，以减少 CO 气体的生成。

2）斑点压力引起的飞溅。用正极性焊接时，熔滴受斑点压力大，飞溅也大。采用反极性可减少飞溅。

3）短路时引起的飞溅。发生短路时，焊丝与熔池间形成液体细颈，由于短路电流的强烈加热及电磁收缩力作用，使“细颈”爆断而产生细颗粒飞溅。在焊接回路中串联合适的电感值，可减少这种飞溅。

2. 工艺参数

(1) 短路过渡。短路过渡采用细焊丝，常用焊丝直径为 $\phi0.6 \sim \phi1.2$ mm，随着焊丝直径增大，飞溅颗粒都相应增大。

1）焊接电流。主要是根据焊丝直径、送丝速度和焊缝位置等综合选择。

2）电弧电压。电弧电压应与焊接电流配合选择。随焊接电流增加，电弧电压也应相应加大。短路过渡时，电压为 16～24 V。粗滴过渡时，电压应为 25～45V。电压过高或过低，都会影响电弧的稳定性和飞溅增加。

3）焊接速度。焊接速度对焊缝成形、接头性能都有影响。速度过快会引起咬边、未焊透及气孔等缺陷。速度过慢则效率低，输入焊缝的热量过多，接头晶粒粗大，变形大，焊缝成形差。一般半自动焊速度为 15～40 m/h。

4）焊丝干伸长度。干伸长度应为焊丝直径的 10～12 倍。干伸长度过大，焊丝会成段熔断，飞溅严重，气体保护效果差；过小，不但易造成飞溅物堵塞喷嘴，影响保护效果，还会影响焊工视线。

5）气体流量及纯度。流量过大，会产生不规则紊流，保护效果反而变差。通常焊接电流在 200 A 以下时，气体流量选用 10～15 L/min；焊接电流大于 200 A 时，气体流量选用 15～25 L/min。

CO_2 气保焊气体纯度不得低于 99.5%。

6）电源极性。二氧化碳气体保护焊应采用直流反接。反接具有电弧稳定性好、飞溅及熔深大等特点。

(2) 细颗粒状过渡。细颗粒状过渡大都采用较粗的焊丝，常用的是 $\phi1.6$ mm 和 $\phi2.0$ mm 两种，几种直径焊丝采用细颗粒状过渡时的最低电流值和电弧电压范围，见表 2—1。

表 2—1

焊丝直径（mm）	1.2	1.6	2.0	3.0	4.0
最低电流值（A）	300	400	500	650	750
电弧电压（V）	34～45				

焊接时，电源极性仍采用直流反接，同时回路中可以不串联电感。

3. 焊接设备

(1) 焊接电源。二氧化碳气体保护焊均使用平硬式缓降外特性的直流电源。并要求具有良好的动特性。

(2) 焊枪及送丝系统。焊枪按送丝方式可分为推丝式焊枪、拉丝式焊枪和推拉丝焊枪。按焊枪结构形状可分为手枪式和鹅颈式。

送丝方式有如图 2—1 所示三种方式。

推丝式：焊枪与送丝机构分开，焊丝由送丝机构推送，通过软管进入焊枪。该结构简单、轻便。但送丝阻力大，软管长度受限制，一般长为 2～5 m。

拉丝式：送丝机构和焊丝盘装在焊枪上。拉丝式的送丝速度均匀稳定，但是焊枪质量大，仅适宜于 $\phi0.5 \sim \phi0.8$ mm 的细焊丝。

推拉丝式：焊丝盘与焊枪分开，送丝时以推为主，拉为辅。此种方式送丝速度稳定，软管可延长致 15 m 左右，但结构复杂。

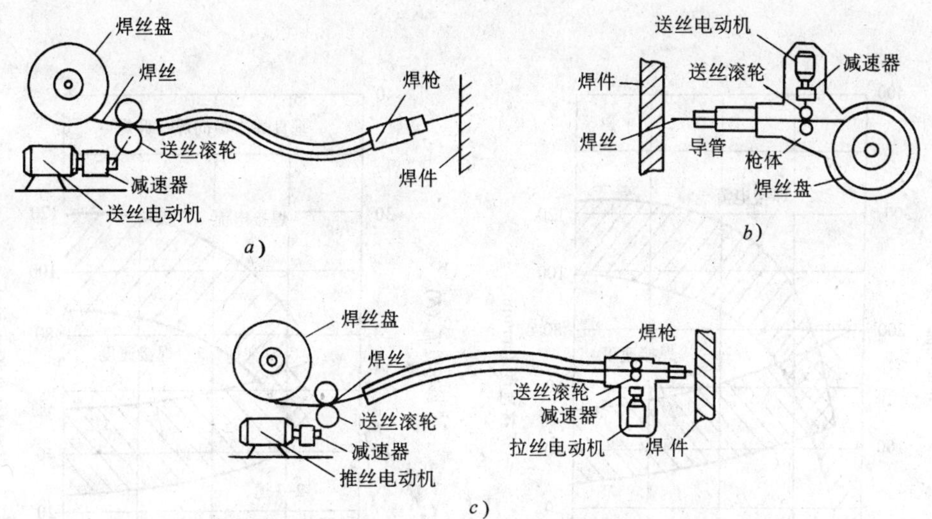

图 2—1　CO_2 半自动焊送丝方式

a）推丝式　b）拉丝式　c）推拉丝式

(3) 供气装置。由气瓶、预热器、干燥器、流量计及气阀组成。

CO_2 气瓶为黑色；预热器的作用是对 CO_2 气体进行加热；干燥器的作用是减少 CO_2 气体中的水分；减压器、流量计及气阀与氧气瓶、乙炔瓶中使用的设备作用相同。

(4) 控制系统。其控制程序如下：

启动 → 提前 1～2 s 送　气 → 送丝　供电 开始焊接 → 停止焊接 停丝停电 → 滞后停气

提前送气和滞后停气都是为了保护电弧空间。

二、熔化极氩弧焊

1. 原理与特点　使用熔化电极的氩弧焊叫熔化极氩弧焊，简称 MIG 焊，其工艺见图 2—2。焊丝在送丝滚轮的输送下，通往焊接区，与母材产生电弧，熔化焊丝与母材形成熔池。氩气从喷嘴流出进行保护，焊枪移动后即形成焊缝。

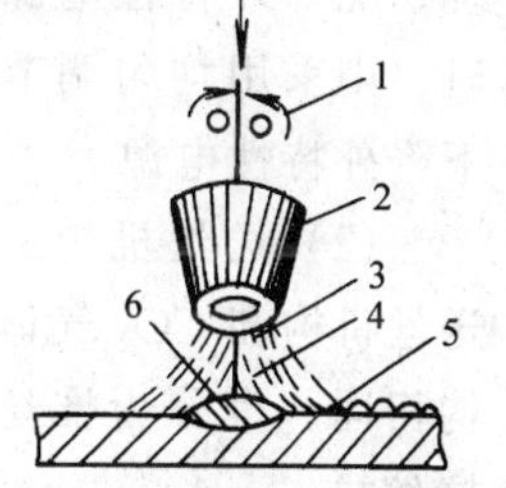

图 2—2　熔化极氩弧焊

1—送丝滚轮　2—喷嘴
3—氩气　4—焊丝
5—焊缝　6—熔池

由于电极是焊丝，焊接电流可大大增加，且热量集中，可用于焊接厚板，同时容易实现焊接过程机械化和自动化。

熔化极氩弧焊熔滴的过渡形式通常采用喷射过渡。喷射过渡发生在较高电弧电压和较大电流密度的情况下，产生喷射过渡的最小焊接电流称为临界电流，它与焊丝直径和保护气体种类有关。

2. 焊接工艺参数　由于熔化极氩弧焊对熔池的保护要求较高，如果保护不良，焊缝表面便起皱纹，所以喷嘴口径及气体流量比起钨极氩弧焊都要相应增大，通常喷嘴口径为 20 mm 左右，氩气流量则在 30～60 L/min 范围之内。

熔化极半自动氩弧焊焊接不同位置、不同厚度铝板时，适用的焊接电流及焊接速度范围见图 2—3。熔化极自动氩弧焊焊接不同厚度的铝板时，适用的焊接电流焊接速度范围见图 2—4。

3. 焊接设备

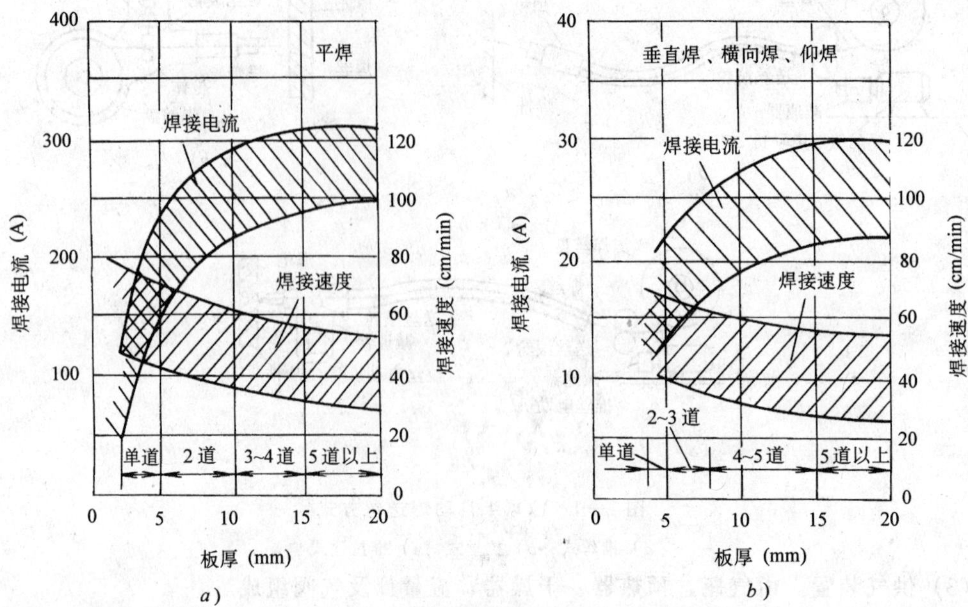

图 2—3 铝板熔化极半自动氩弧焊焊接电流及焊接速度范围（对接）

a）平焊 b）垂直焊、横焊和仰焊

(1) 焊接电源。为实现喷射过渡，减少飞溅，熔化极氩弧焊均采用直流电源，且反接。

当采用细焊丝时，用等速送丝系统，配平外特性电源；而使用粗焊丝时，则采用均匀调节式送丝系统，配下降外特性电源。

(2) 送丝机构。熔化极氩弧焊的送丝机构和 CO_2 气体保护焊的送丝机构相同，也分为推丝式、拉丝式和推拉丝式。

(3) 供气系统。熔化极氩弧焊的供气系统包括气瓶、减压器、流量计及电磁气阀等。

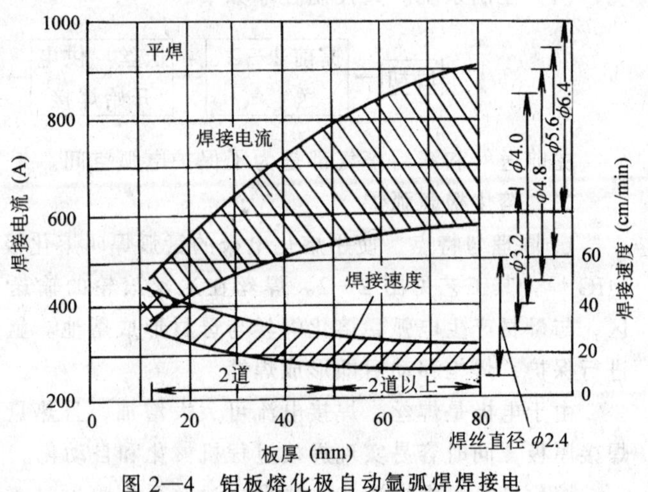

图 2—4 铝板熔化极自动氩弧焊焊接电流及焊接速度范围（对接）

(4) 焊枪。作用是夹持电极、传导焊接电流和输送保护气体。焊枪手把上装有启动和停止按钮。焊枪有水冷或空冷式两种。空冷式焊枪使用焊接电流小于 150 A；水冷式焊枪使用电流大于 150 A。

(5) 控制系统

1）引弧以前预送保护气，焊接停止时，延迟关闭气体。

2）送丝控制和速度调节包括焊丝的送进、回抽和停止；均匀调节送丝速度。

3）控制主回路的通断，引弧时可以在送丝开始以前或同时接通电源；焊接停止时，应当先停丝后断电，这样既能填满弧坑，又避免焊丝和焊件粘牢。

§2—2 等离子弧焊和切割的工艺及设备

一、等离子弧焊

借助水冷喷嘴对电弧的拘束作用，获得较高能量密度的等离子弧进行焊接的方法，叫等离子弧焊。

1. 等离子弧的产生及形式、特点 普通弧焊的电弧是由一定数量的导电离子和不同比例的中性粒子所组成的混合体，这种电弧通常称为自由电弧。如果将自由电弧进行压缩，使其横截面减小，则电弧中的电流密度就大大提高，电离度也就随之增大，几乎达到全部等离子体状态的电弧叫等离子弧。

根据电源的接法和产生等离子弧的形式不同，等离子弧可分为三种形式：

(1) 转移型弧。是产生于电极与焊件之间的等离子弧，如图 2—5*a* 所示。电弧先在电极与喷嘴之间引燃，然后再转移到电极与焊件之间，转移型弧热量集中，热效率高。

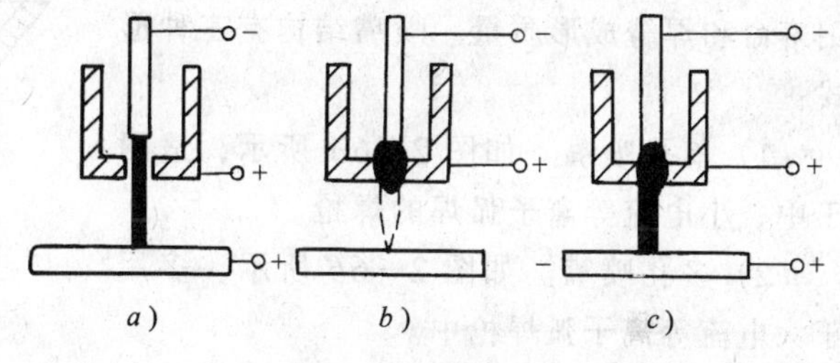

图 2—5 等离子弧的类型

a）转移型弧 *b*）非转移型弧 *c*）联合型弧

(2) 非转移型弧。产生于电极与喷嘴之间的等离子弧，如图 2—5*b* 所示，喷嘴喷出的高温等离子焰是熔化金属和非金属材料的热源。

(3) 联合型弧。是转移型和非转移型弧同时存在的等离子弧，如图 2—5*c* 所示。主要用于微束等离子弧焊接。

等离子弧具有温度高（16 000～30 000°C）、能量密度大、电弧挺度好、机械冲刷力强等特点。

2. 等离子弧焊工艺

(1) 穿透型等离子弧焊接。该方法是利用小孔效应实现等离子焊接的方法。焊接时，借助转移型弧达到单面焊双面成形的效果。

1）工作气体流量。包括等离子气体和保护气体的流量。等离子气体的流量是保证小孔效应的重要参数。过小不易形成小孔，过大小孔直径太大不易形成焊缝。保护气体流量要与等离子气体流量保持一定的比例。以提高保护效果。

2）焊接电流。根据焊件厚度选择，适当提高焊接电流，可提高穿透能力。但过大小孔直径过大、熔池下坠不能形成焊缝；过小则不能产生小孔效应。

3）焊接速度。增加焊接速度，焊件热输入量减少，小孔直径减小。所以焊接速度不易过快。

4）喷嘴距焊件的距离。一般应为 3～5 mm，过高降低穿透能力，过低则飞溅易粘塞喷嘴。

(2) 熔透型等离子弧焊接。焊接时只熔透焊件但不产生小孔效应的焊接方法。此法与钨极氩弧焊相似，适用于薄板、多层焊缝的盖面及角焊缝的焊接，但生产率高于钨极氩弧焊。

(3) 微束等离子弧焊。利用小电流（通常小于30 A）进行焊接的方法。焊接时采用联合型弧，由于电流在30 A以下，因此适宜焊接金属薄箔及丝网。

3. 等离子弧焊设备

(1) 电源。等离子弧广泛采用具有陡降外特性的直流电源。微束等离子焊，使用具有垂直陡降外特性的电源。

(2) 焊枪。可分为上枪体、下枪体和喷嘴等几部分。上枪体的作用是夹持并冷却钨极，对钨极导电，以及调节钨极对中与内缩长度等。下枪体的作用是对下枪体及喷嘴进行冷却，安装喷嘴与保护罩，输送等离子气与保护气，以及对喷嘴导电等。由于上下枪体都接电而极性不同，故两者之间用一个绝缘和定位连结。

(3) 喷嘴。是焊枪的关键部分，它的结构形状与尺寸，对等离子弧的压缩作用及稳定性有重要影响，直接关系到焊接能力、使用寿命和焊缝成形质量。喷嘴结构有三种形式：

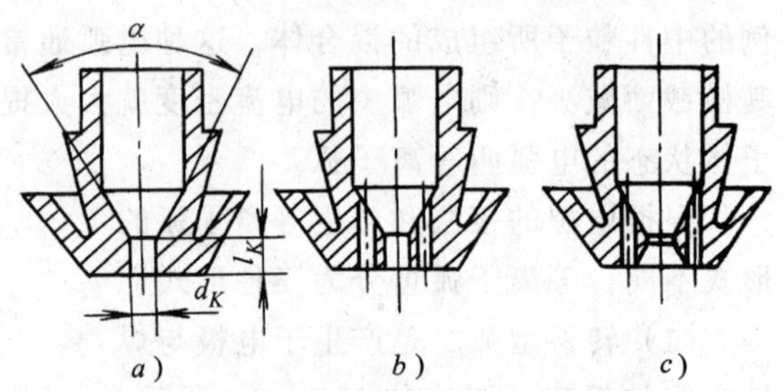

图 2—6　等离子弧焊用喷嘴结构
a) 单孔喷嘴　b) 多孔喷嘴　c) 双锥度喷嘴

1) 单孔喷嘴。如图 2—6*a* 所示，适用于中、小电流等离子弧焊的焊枪。

2) 多孔喷嘴。如图 2—6*b* 所示，多用于大电流等离子弧焊枪中。

3) 双锥度喷嘴。如图 2—6*c* 所示，这种喷嘴能减小或避免双弧现象，多用于大电流、焊接较大厚度的焊件。

二、等离子切割

1. 原理及特点

(1) 原理：等离子弧切割是利用等离子弧的热能实现切割的方法。切割时等离子弧将割件熔化，并借等离子流的冲击力将熔化金属排除，从而形成割缝。

(2) 特点：①可切割任何黑色金属、有色金属；②采用非转移型弧，可切割非金属材料及混凝土、耐火砖等；③由于等离子弧能量高度集中，所以切割速度快，生产率高；④切口光洁、平整，并且切口窄，热影响区小，变形小，切割质量好。

2. 电源、工作气体及电极

(1) 电源。要求具有陡降外特性的直流电源，并且空载电压在150～400 V之间。

(2) 工作气体。主要有氮气、氩及混合气体（氮气＋氢气、氩气＋氢气及氩气、氮气等）。其中氩气与氮气的混合气体切割效果最佳。

(3) 电极材料。当等离子气为氩气或其他惰性气体时，可采用钍钨极或铈钨极；等离子气为氮或氧化性强的气体时，可采用锆电极。

3. 工艺参数

(1) 切割电流及电压。切割电流和电压决定着等离子弧的功率，等离子弧功率大，所切割厚度也大。用增加切割电压来提高切割厚度，效果比增加切割电流要好。

(2) 等离子气种类与流量。主要根据切割厚度来选择，见表 2—2。

适当增加等离子气流量，可提高切割厚度和质量。但流量过大，冷却气流会带走大量的热量，使切割能力下降，等离子弧不稳定。

表 2—2　　　　　　　　　　　　等离子气的选择

切割件厚度（mm）	气体种类	切割效果	备注
≤120	N_2	可以	
≤150	N_2+Ar（$N_2$10%～80%）	很好	
≤200	N_2+H_2（$N_2$50%～80%）	尚好	
≤200	$Ar+H_2$（$H_2$0%～35%）	很好	薄、中、厚板效果都好

（3）切割速度。在功率不变的情况下，适当提高切割速度可使切口变窄，热影响区减小。切割速度过快，会造成割不透。

（4）喷嘴距焊件的距离。一般距离为 7～10 mm。距离过大会降低切割能力，过小则易烧坏喷嘴。

§2—3　电渣焊的工艺及设备

一、电渣焊的基本原理

1. 原理　电渣焊是利用电流通过液态熔渣所产生的电阻热进行焊接的方法。

电渣焊的简单过程如图 2—7 所示，电源的一端接在电极上，另一端接在焊件上，电流通过电极和熔渣后再到焊件。由于渣池中的液态熔渣电阻较大，产生大量的电阻热，将渣池加热到很高温度（1 700～2 000°C）。高温的熔池把热量传递给电极与焊件，使其熔化，熔化金属因密度比熔渣大，故下沉到底部形成金属熔池，而熔渣始终浮于金属熔池上部。随焊接过程的连续进行，温度逐渐降低的熔池金属在冷却滑块的作用下，强迫凝固形成焊缝。

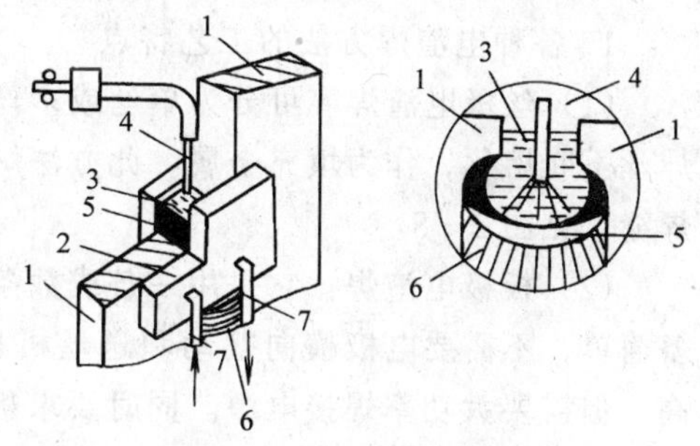

图 2—7　电渣焊过程示意图

1—焊件　2—冷却滑块

3—渣池　4—电极（焊丝）

5—金属熔池　6—焊缝　7—冷却水管

2. 特点

（1）大厚度焊件可一次焊成，且不开坡口，通常用于焊接 40～2 000 mm 厚度的焊件。

（2）焊缝缺陷少，焊缝含氮量少，不易产生气孔、夹渣及裂纹等缺陷。

（3）成本低。焊丝与焊剂消耗量少，焊件越厚，成本相对越低。

（4）焊接接头晶粒粗大。这是电渣焊的主要缺点，使焊缝和热影响区的晶粒粗大，从而降低了接头的塑性与冲击韧性。但是通过焊后热处理，可使晶粒细化，改善接头的力学性能。

3. 电渣焊用焊接材料

（1）焊剂。电渣焊焊剂用“焊剂 170”“焊剂 360”，它具有稳定的电渣过程，并有一定的脱硫能力，主要用于低碳钢和低合金钢的焊接。此外，也可采用某些埋弧焊剂，如“焊剂 430”“焊剂 431”。

（2）电极材料。电渣焊电极材料除起填充金属作用外，还起着向焊缝过渡合金元素的作用，以保证焊缝的力学性能和抗裂性能。几种结构钢电渣焊选用的焊丝见表 2—3。

表 2—3　电渣焊焊丝选用表

母材钢号	选用焊丝牌号
Q235	H08MnA H10MnSi
15　20　25	H08MnA　H10Mn2
16MnR　09Mn2	H08Mn2Si　H10MnSi　H10Mn2 H08MnMoA　H10MnMo
15MnV　15MnVCu　15MnTi　16MnNb	H08Mn2MoVA
15MnVN　15MnVTiRe 15MnVNCu	H08Mn2MoVA　H10Mn2NiMo　H10Mn2Mo
14MnMoN　14MnMoVN 18MnMoNb	H08Mn2MoVA　H10Mn2NiMo H10Mn2Mo

二、各种电渣焊方法的工艺特点及设备

1. 各种电渣焊方法的工艺特点

（1）丝极电渣焊。可分为单丝或多丝电渣焊，通过摆动，以增加焊件的厚度。焊接时，焊丝不断熔化，作为填充金属。此方法一般适用于焊接板厚 40～450 mm 的较长直焊缝或环焊缝，见图 2—8。

（2）板极电渣焊。它是用一条或数条金属板条作为熔化电极（见图 2—9）。其特点是设备简单，不需要电极横向摆动和送丝机构，因此可利用边料作电极。生产率比丝极电渣焊高，但需要大功率焊接电源。同时要求板极长度约是焊缝长度的 3.5 倍，由于板极太长而造成操作不方便，因而使焊缝长度受到限制。此法多用于大断面而长度小于 1.5 m 的短焊缝。

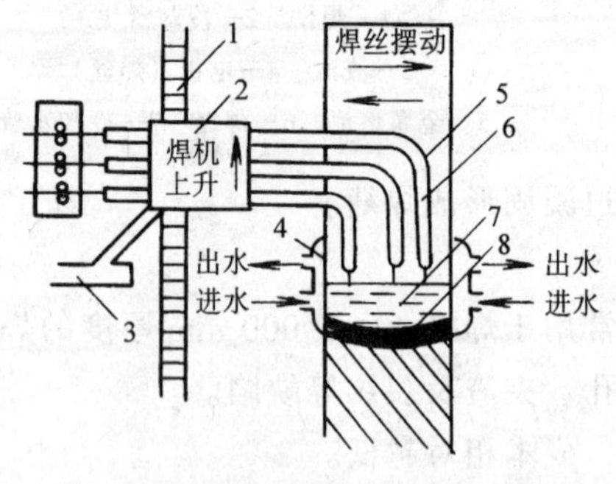

图 2—8　丝极电渣焊示意图

1—导轨　2—焊机机头　3—控制台　4—冷却滑块　5—焊件　6—导电嘴　7—渣池　8—熔池

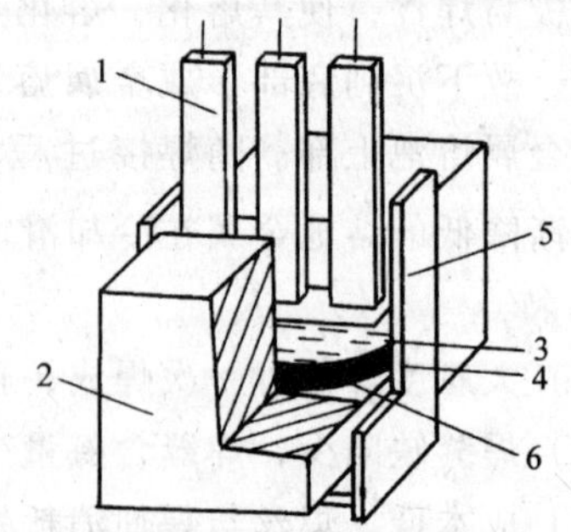

图 2—9　板极电渣焊示意图

1—板极　2—焊件　3—渣池　4—熔池　5—冷却铜块　6—焊缝

（3）熔嘴电渣焊。如图 2—10 所示，它是用焊丝与熔嘴作熔化电极的电渣焊。熔嘴是由一个或数个导丝管与板料组成，其形状与焊件断面形状相同，它不仅起导电嘴的作用，而且熔化后可作为填充金属的一部分。根据焊件厚度，可采用一只或多只熔嘴。此方法可焊接比板极电渣焊焊接面积更大的焊件，并且适宜焊接不太规则断面的焊件。

（4）管状熔嘴电渣焊。与熔嘴电渣焊相似，不同的是熔嘴采用的是外表面带有涂料的厚

壁无缝钢管，如图 2—11 所示。涂料除了起绝缘外，还可以起到补充熔渣及向焊缝过渡合金元素的作用。此方法适合于中等厚度（20～60 mm）焊件的焊接。

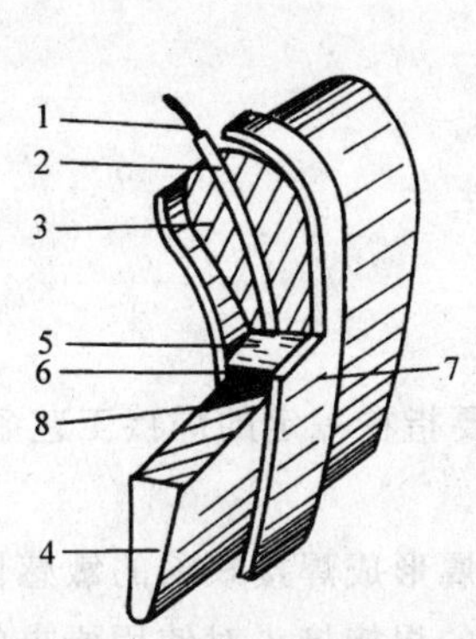

图 2—10 熔嘴电渣焊示意图

1—焊丝 2—钢管 3—熔嘴 4—焊件 5—渣池 6—熔池 7—冷却铜块 8—焊缝

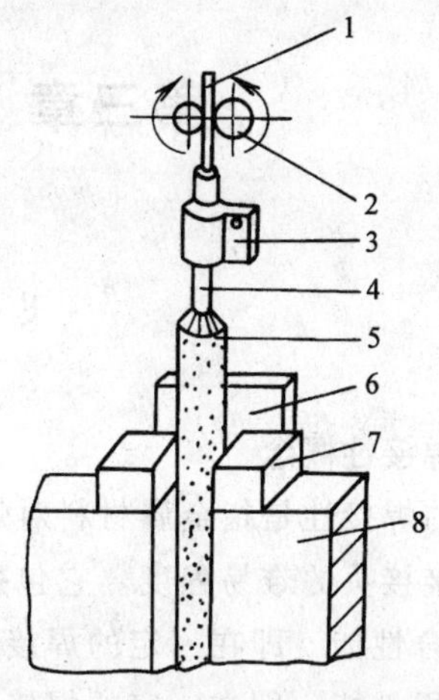

图 2—11 管状熔嘴电渣焊示意图

1—焊丝 2—送丝滚轮 3—导电夹头 4—钢管 5—涂料 6—冷却滑块 7—引出板 8—焊件

2. 电渣焊设备 电渣焊一般采用专用设备，生产中较为常用的是 HS—1000 型电渣焊机。它适用于丝极和板极电渣焊，可焊接 60～500 mm 厚的对接立焊缝；调整个别零件后，可焊接 60～250 mm 厚的十字形接头、角接接头焊缝；配合焊接滚轮架，可焊接直径在 3 000 mm 以下，壁厚小于 450 mm 的环缝；以及用板极焊接 800 mm 以内的对接焊缝。

HS—1000 型电渣焊机主要由自动焊机头、导轨、焊丝盘、控制箱等组成，并配有焊接不同焊缝形式的附加零件，焊接电源采用 BP1—3×1000 型焊接变压器。

复习题

1. 电渣焊的原理及特点是什么？其种类包括哪些？
2. CO_2 气体保护焊的特点是什么？
3. 等离子弧切割的原理及特点是什么？

第三章　常用金属材料的焊接

§3—1　钢的焊接性

一、焊接性概念

金属的焊接性是指金属材料对焊接加工的适应性，主要指在一定的焊接工艺条件下，获得优质焊接接头的难易程度。它包括两个方面的内容：

1. 接合性能　即在一定的焊接工艺条件下，一定的金属形成焊接缺陷的敏感性。

2. 使用性能　即在一定的焊接工艺条件下，一定金属的焊接接头对使用要求的适应性。

金属焊接性的内容是多方面的，对于不同材料和不同工作条件下的焊件，焊接性的主要内容不同。例如，普通低合金结构钢，对于淬硬和冷裂纹比较敏感，因此在焊接这种材料时，如何解决淬硬和冷裂纹问题，就成为普通低合金钢焊接性的主要内容；又如焊接奥氏体不锈钢时，晶间腐蚀和热裂纹问题是主要矛盾，因而也就是其焊接性的主要内容。就是对于同一金属材料，当采用不同焊接方法、焊接材料及不同的工作条件下，其焊接性也可能有很大的差别。焊接性好的材料，在焊接时不须采用其他附加工艺措施，就能获得无焊接缺陷，并有良好力学性能的焊接接头。因此，焊接性只是相对比较的概念。

二、影响焊接性的因素

金属材料焊接性的好坏，主要决定于材料的化学成分，而且与结构的复杂程度、刚性、焊接方法、采用的焊接材料、焊接工艺条件及结构的使用条件也有密切关系。

1. 材料因素　材料因素包括焊件本身和使用的焊接材料，如手工电弧焊时的焊条；埋弧焊时的焊丝和焊剂；气体保护焊时的焊丝和保护气体等。它们在焊接时都参与熔池或半熔化区内的冶金过程，直接影响焊接质量。母材或焊接材料选用不当时，会造成焊缝金属化学成分不合格，力学性能和其他使用性能降低；还会出现气孔、裂纹等缺陷，也就是使结合性能变差。由此可见，正确选用焊件和焊接材料是保证焊接性良好的重要基础，必须十分重视。

2. 工艺因素　对于同一焊件，当采用不同的焊接工艺方法和工艺措施时，所表现的焊接性也不同。例如，钛合金对氧、氮、氢极为敏感，用气焊和手工电弧焊不可能焊好，而用氩弧焊或真空电子束焊，由于可防止氧、氮、氢等侵入焊接区，就比较容易焊接。

焊接方法对焊接性的影响，首先表现在焊接热源能量密度大小、温度高低及热输入量多少。如对于有过热敏感的高强度钢，从防止过热出发，适宜选用窄间隙焊接、等离子弧焊接、电子束焊等方法，有利于改善焊接性。相反，对于灰口铸铁焊接时容易产生白口组织来说，从防止白口出发，应选用气焊、电渣焊等方法。

工艺措施对防止焊接接头缺陷，提高使用性能也有重要的作用。如焊前预热、焊后缓冷和去氢处理等，对防止热影响区淬硬变脆，降低焊接应力，避免氢致冷裂纹是比较有效的措施。另外，如合理安排焊接顺序也能减小应力变形。

3. 结构因素　焊接接头的结构设计会影响应力状态，从而对焊接性也会发生影响。应使焊接接头处于刚度较小的状态，能够自由收缩，有利于防止焊接裂纹。缺口、截面突变、焊缝余高过大、交叉焊缝等都容易引起应力集中，要尽量避免。不必要地增大焊件厚度或焊缝体积，就会产生多向应力，也应注意防止。

4. 使用条件　焊接结构的使用条件是多种多样的，有高温、低温下工作和腐蚀介质中工作及在静载或动载条件下工作等。当在高温工作时，可能产生蠕变；低温工作或冲击载荷工作时，容易发生脆性破坏；在腐蚀介质下工作时，接头要求具有耐腐蚀性。总之，使用条件越不利，焊接性就越不容易保证。

三、焊接性的间接判断法

判断焊接性最简便的间接法是碳当量鉴定法。所谓碳当量是指把钢中合金元素（包括碳）的含量，按其作用换算成碳的相当含量，可作为评定钢材焊接性的一种参考指标。

钢材的化学成分是决定焊接热影响区是否淬硬的基本条件。在钢材的各种化学元素中，对焊接性影响最大的是碳，碳是引起淬硬的主要元素，故常把钢中含碳量的多少作为判别钢材焊接性的主要标志，钢中含碳量越高时，其焊接性越差。钢中除了碳元素以外，其他的元素如锰、铬、镍、铜、钼等对淬硬都有影响，故可将这些元素根据它们对焊接性影响的大小，折合成相当的碳元素含量，即碳当量来判别焊接性的好坏。

碳当量的估算公式有很多形式，下列碳当量公式是国际焊接协会推荐的估算碳钢及低合金钢的碳当量公式：

$$C_E = \mathrm{C} + \frac{\mathrm{Mn}}{6} + \frac{\mathrm{Cr} + \mathrm{Mo} + \mathrm{V}}{5} + \frac{\mathrm{Ni} + \mathrm{Cu}}{15} \tag{3—1}$$

式中元素的符号表示其在钢中含量的百分数。根据经验：当 $C_E < 0.4\%$ 时，钢材的淬硬倾向不明显，焊接性优良，焊接时不必预热；当 $C_E = 0.4\% \sim 0.6\%$ 时，钢材的淬硬倾向逐渐明显，需要采取适当预热，控制线能量等工艺措施；当 $C_E > 0.6\%$ 时，淬硬倾向更强，属于较难焊的材料，需采取较高的预热温度和严格的工艺措施。

用上述方法来判断钢材的焊接性只能作近似的估计，并不完全代表材料的实际焊接性。例如 16 锰铜钢的碳当量约在 0.34%～0.44%，焊接性尚好，但当厚度增大时，焊接性变差。

四、焊接性的直接试验法

采用新材料制造焊接产品，必须知道这种材料的特点，及产品在焊接和使用中可能出现的问题，以便在焊接时采取相应的工艺措施。

通过焊接性的直接试验，可使我们以较小的代价获得进行生产准备和制定焊接工艺措施的初步依据。具体来说可以达到以下目的：

(1) 选择适用于基本金属的焊接材料。

(2) 确定合适的焊接工艺参数，如焊接电流、电弧电压、焊接速度与预热温度、层间保温、焊后缓冷及热处理的要求等。

(3) 用于研制新的材料，直接焊接性试验包括抗裂性和焊接接头使用性能试验两方面。

常用的直接（抗裂性）试验方法和应用范围见表 3—1，各种试验方法的具体方法可参阅《焊工手册》。

表 3—1　　常用的抗裂性试验方法及其应用范围

试验方法	产生的主要裂纹类型	也可反映的裂纹
小铁研式试验	热影响区冷裂纹	焊缝冷裂纹和热裂纹
刚性固定对接试验	焊缝金属的冷或热裂纹	热影响区冷裂纹
可变刚性试验	焊缝根部的冷或热裂纹	热影响区冷裂纹
十字接头试验	热影响区冷裂纹	焊缝金属裂纹

选择试验方法的原则是：

(1) 试验方法应与焊件的刚性条件、实际生产和使用条件尽量接近。

(2) 根据基本金属和产品的特点，估计焊接后产生主要裂纹的类型来选择试验方法。

(3) 应选用最经济和方便的试验方法。

在进行焊接性的直接试验时，不仅要考虑焊接产品避免产生裂纹，还应考虑钢材经过焊接后的性能变化是否会影响使用中的安全可靠性。对焊接接头各个部位的塑性和韧性进行试验，就是使用性能试验，常用的使用性能试验有冲击韧性试验和弯曲试验等。

§3—2　碳素钢的焊接

碳素钢是以铁为基体，以碳为主要合金元素的铁碳合金（含碳量<2%），碳素钢是工业中应用最广泛的金属材料。工业中使用的碳素钢，含碳量很少超过 1.4%，用于制造焊接结构的钢材，其含碳量还要低得多。

一、低碳钢的焊接

1. 低碳钢的焊接性

(1) 由于含碳及其他合金元素少，低碳钢塑性好，而且淬硬倾向小，是焊接性最好的金属材料。

(2) 一般情况下，在焊接过程中不需要采取预热和焊后热处理的工艺措施。

(3) 可以满足手工电弧焊各种不同空间位置的焊接，且焊接工艺和操作技术比较简单，容易掌握。

(4) 不需要选用特殊和复杂的设备，对焊接电源无特殊要求，一般交流、直流弧焊机都可焊接。

2. 低碳钢常用的焊接方法和焊接材料　低碳钢几乎可采用所有的焊接方法来进行焊接，并都能保证焊接接头的良好质量。用得最多的是手工电弧焊、埋弧自动焊、二氧化碳气体保护焊、电渣焊等。

(1) 手工电弧焊。低碳钢焊接广泛采用手工电弧焊。焊条的选择是根据低碳钢的强度等级，选用相应强度等级的结构钢焊条，并考虑结构的工作条件，选用酸性或碱性焊条。采用碱性焊条时，焊缝金属的抗裂性和低温冲击韧性较好。常用低碳钢焊接的焊条选择见表 3—2。

(2) 埋弧焊。埋弧焊焊接 Q235、15、20、20g 钢时，可采用 H08A、H08MnA 等焊丝和焊剂 431 或焊剂 430。焊接时，要特别注意焊剂的烘干及坡口的清理，否则，易产生气孔。

(3) CO_2 气体保护焊。CO_2 气体保护焊焊丝可采用 H08MnSi、H08MnSiA 或 H08Mn2SiA 等，而 H08Mn2SiA 应用最广。

表 3—2 常用低碳钢焊接的焊条选择

钢　号	选用的焊条型号		施焊条件
	一般结构（包括厚度不大的低压容器）	受动载荷，厚板结构，中、高压及低温容器	
Q235 Q255	E4313　E4303　E4301 E4320　E4310	E4316　E4315 （或 E5016　E5015）	一般不预热
10、15、15g 20、20g	E4303　E4301 E4320　E4310	E4316　E4315 （或 E5016　E5015）	一般不预热
20g、25、30	E4316　E4315	E5016　E5015	厚板结构预热 150℃

(4) 电渣焊。电渣焊焊丝为 H10MnSiA、H10Mn2A、H10Mn2MoA 等及焊剂 360。

低碳钢的焊接，一般不会遇到什么特殊困难。焊后一般也不需要进行热处理（除电渣焊外）。但是当焊件较厚或刚性很大，同时对接头性能要求又较高时，则要作焊后热处理，其目的一方面是为了消除焊接应力，另一方面是为了改善局部组织及平衡接头各部位的性能。例如锅炉汽包，即使采用 20g 和 22g 等焊接性良好的低碳钢，由于板厚较大，仍要进行 600～650℃的焊后热处理。

二、中碳钢的焊接

1. 中碳钢的焊接性　中碳钢与低碳钢相比较，由于含碳量较高，因此其强度也较高，焊接性较差。常见的有 35 钢、45 钢及 55 钢等。

(1) 焊缝金属易产生热裂纹。从铁——碳合金图可知，铁——碳合金的凝固过程在一个温度区间内进行。由于中碳钢含碳量较高，因而凝固温度区间也增加，偏析现象也随之增大，在凝固收缩应力的作用下，易沿液态晶界处开裂，产生热裂纹的倾向也增大。

(2) 热影响区易产生冷裂纹。中碳钢焊接时，在热影响区易产生塑性很低的淬硬组织（马氏体），含碳量越高，淬硬倾向越大。当板材较厚、刚性较大时，在热影响区容易产生冷裂纹。当焊缝金属的含碳量较高时，也有产生冷裂纹的可能。

2. 中碳钢焊接工艺　中碳钢焊接时，为了保证焊后不产生裂纹和得到满意的力学性能，通常应采取下列措施：

(1) 尽量采用碱性焊条。这类焊条的抗冷裂和抗热裂性能较好。当焊缝金属的强度不要求与焊件等强度时，可选用强度低的碱性焊条，如 E4316、E4315。当对焊缝金属强度要求较高时，可采用 E5015、E6015 - D_1、E7015 - D_2 等碱性焊条。中碳钢焊接时的焊条选用见表 3—3。

表 3—3 中碳钢焊接的焊条选用

钢　号	焊接性	选用的焊条型号	
		不要求等强度	要求等强度
35，ZG270—500	较好	E4303　E4301 E4316　E4315	E5016　E5015
45，ZG310—570	较差	E4303　E4301　E4316 E4315　E5016　E5015	E5516　E5515
55，ZG340—640	较差	E4303　E4301　E4316 E4315　E5016　E5015	E6016—D_1 E6015—D_1

特殊情况下，可采用铬镍不锈钢焊条焊接或焊补中碳钢。其特点是在焊前不预热的情况下，也不容易产生近缝区冷裂纹。用来焊接中碳钢的铬镍不锈钢焊条有 E1－23－13－16、E1－23－13－15、E2－26－21－16、E2－26－21－15 等。采用这种焊条焊接中碳钢时电流要小，焊接层数要多，焊缝有效厚度要浅。

根据中碳钢的焊接、焊补经验表明，采取先在坡口表面堆焊一层过渡焊缝，再进行焊接的方法效果较好。堆焊过渡层焊缝的焊条通常选用含碳量很低、强度低、塑性好的纯铁焊条（C≤0.03%）。

(2) 预热。预热是防止冷裂纹的重要工艺措施之一。预热能减缓焊接接头的冷却速度，减少淬硬倾向和焊接应力，并有利于焊接接头中氢的逸出。中碳钢的预热温度取决于材料的含碳量、焊件的大小和厚度、焊条类型及工艺参数等。

一般情况下，35 钢和 45 钢（包括铸钢）预热温度可选用 150～250℃。含碳量再高或厚度和刚性很大时，可将预热温度提高到 250～400℃。

(3) 焊接工艺上的措施

1）焊接坡口尽量开成 U 形，以减少焊件熔入量。

2）焊接第一层焊缝时，尽量采用小电流、慢焊速，以减少焊件熔入焊缝金属中的比例（减小熔合比），防止热裂缝。

3）采用碱性焊条施焊时，焊前焊条要烘干，烘干温度为 350～400℃，保温时间 2 h。

4）采用锤击焊缝的方法，以减少焊接残余应力，细化晶粒。

5）焊后尽可能缓冷，焊件焊后放在石棉灰中或放在炉中缓冷。

6）焊后热处理，对含碳量高，厚度大和刚性大的焊件，焊后作 600～650℃ 的消除应力回火处理。

§3—3 普通低合金结构钢的焊接

一、普通低合金结构钢简介

这类钢是从我国实际情况出发，充分利用我国资源，并利用普通的炼钢设备和冶炼方法炼成的钢种。它的主要特点是强度高、塑性和韧性良好，焊接和加工性能较好，广泛用于压力容器、车辆、船舶、桥梁和其他金属结构。强度钢是以钢材的屈服强度大小分类的，与结构钢焊条的型号以抗拉强度划分不同。目前我国应用最广泛的普通低合金结构钢，其屈服强度大都在 300～600 MPa 之间，见表 3—4。

表 3—4 普通低合金结构钢的分类

分类		名称
强度钢	300 MPa 级	09Mn2（Cu）、09Mn2Si（Cu）、09MnV、12Mn、18Nb
	350 MPa 级	16Mn、16MnCu、16MnRe、14MnV、14MnNb、10MnSiCu、14MnNb
	400 MPa 级	15MnV、15MnTi、15MnVCu、15MnVRe、15MnTiCu、16MnNb
	450 MPa 级	15MnVN（Cu）、14MnVTiRe（Cu）、15MnVNb（Re）
	500 MPa 级	18MnMoNb、14MnMoV（Cu）、14MnMoVN
	550 MPa 级	14MnMoVB

二、普通低合金钢的焊接性

由于各种普低钢的化学成分不同，性能差异很大，焊接性的差异也较大。强度级较低(如 300～400 MPa）普低钢的焊接性能接近于普通低碳钢，因而在焊接时不必采取特殊的工艺措施。对强度级大于 500 MPa 以上，且厚度较大或结构刚性较大的焊件，焊接时就必须采用一定的工艺措施。普低钢焊接时易出现的主要问题是：

1. 热影响区的淬硬倾向　普低钢焊接过程中一个重要的特点是，热影响区有较大的淬硬倾向，影响热影响区淬硬程度的主要因素是：

（1）化学成分。普低钢中化学成分不同时，其淬硬倾向也不同，一般是含碳量和所含合金元素量越高，其淬硬倾向就越大。普低钢强度等级高时，含碳量或合金元素含量较多，故淬硬倾向较大。

(2) 冷却速度。焊件在焊接后冷却速度越快，其淬硬倾向也越大。焊件的冷却速度决定于焊件的厚度、尺寸大小、接头形式、焊接方法、焊接工艺参数的大小和预热温度等。

2. 焊接接头的冷裂纹　普低钢焊接时，常在焊缝金属和热影响区产生冷裂纹。在焊接强度级别高的厚板时，最易产生冷裂纹。这是因为其淬硬倾向大，焊接接头易得到淬硬组织；又因厚板的刚性大，焊接接头的残余应力也大造成的。

3. 热裂纹　普低钢产生热裂纹的可能性比冷裂纹小得多，只有在原材料化学成分不符合规定（如含 S、C 量偏高）时才有可能产生。

三、焊接材料的选择

焊接材料是决定焊接质量的重要因素。焊接材料的选择，应根据焊件的化学成分、力学性能、接头刚性、坡口形式及使用要求来决定。

对于要求焊缝金属与焊件等强度的焊件，应该选用碱性焊条，因为碱性焊条具有良好的抗热裂、冷裂的性能。对于不要求焊缝金属与焊件等强度的焊件，可选用相应强度的酸性焊条。

一般来说，对于强度等级为 300 MPa 级的 09Mn2、09Mn2Si、09MnV 钢等，在选择焊条时，基本上与 Q235 钢没有区别，即可以选用强度相同的酸性焊条；对于强度等级为 350～400 MPa 级的 16Mn、15MnV 等钢，应根据结构件的技术要求和刚性等条件，选用酸性焊条或碱性焊条；当板厚大于 20 mm 时，可根据试验结果再确定。焊接强度等级更高的普低钢，则应选用碱性焊条。

焊接普低钢用焊条、焊丝及焊剂的选择见表 3—5。

表 3—5　　焊接普低钢时焊条、焊丝及焊剂的选用

类别		钢材牌号	手工电弧焊焊条型号	埋弧自动焊		施工条件
				焊丝牌号	焊剂牌号	
强度钢	300 MPa 级	09MnV，09Mn2 09Mn2（Cu）、12Mn 09Mn2（Si）、18Nb	E4303　E4301 E4316　E4315	H08A H08MnA	焊剂 431	一般情况不预热
	350 MPa 级	16Mn、14MnNb 16MnCu、14MnNb 16MnRe、12MnV 16MnSiCu	E5003　E5001 E5016　E5015	不开坡口　H08A 中板开坡口　H08MnA H10Mn2 H10MnSi 厚板开坡口　H10Mn2	焊剂　431 焊剂　350	一般情况不预热

续表

类　别		钢材牌号	手工电弧焊焊条型号	埋弧自动焊		施工条件
				焊丝牌号	焊剂牌号	
强度钢	400 MPa 级	15MnV、15MnVCu 15MnVRe、15MnTi 15MnTiCu、16MnNb	E5016　E5015 E5501　E5516 E5515	不开坡口　H08MnA 中板开坡口　H10MnSi H10Mn2 H08Mn2Si 厚板深坡口　H08MnMoA	焊剂　431 焊剂　350 焊剂　250	一般情况不预热或预热 100～150℃
	450 MPa 级	15MnVN 15MnVNCu 15MnVTiRe	E5516　E5515 E6016—D_1 E6015—D_1	H08MnMoA	焊剂　431 焊剂　350	预热 150℃ 以上施焊
	500 MPa 级	18MnMoNb 14MnMoNb 14MnMoVCu	E7015—D_2	H08Mn2MoA H08MnMoVA	焊剂　350 焊剂　250	预热 150℃ 以上施焊
	550 MPa 级	14MnMoVB	E7015—D_2	H08Mn2MoVA	焊剂　350 焊剂　250	预热 250℃ 以上施焊

四、几种常用普低钢的焊接工艺要点

1．16Mn 钢的焊接　16Mn 钢是应用最广的普低钢。它只是比 Q235 多加入约 1% 的锰，而屈服强度却提高 35% 左右，而且冶炼、加工和焊接性能都较好，所以普遍用于制造各种焊接结构和容器。16Mn 是属于 350 MPa 级的普通低合金结构钢。

(1) 16Mn 钢的焊接性。16Mn 钢具有良好的焊接性，淬硬倾向比 Q235 钢稍大些。在大厚度、大刚性结构上进行小工艺参数、小焊道的焊接时，有可能出现裂纹，特别是在低温条件下进行焊接。因此，低温条件下焊接时应进行适当的预热，见表 3—6。

表 3—6　　**16Mn 钢手工电弧焊时的预热条件**

焊件厚度（mm）	不同气温时的预热温度
<16	不低于 -10℃ 时不预热，-10℃ 以下预热至 100～150℃
16～24	不低于 -5℃ 时不预热，-5℃ 以下预热至 100～150℃
25～40	不低于 0℃ 时不预热，0℃ 以下预热至 100～150℃
>40	均预热 100～150℃

(2) 16Mn 钢的手工电弧焊。焊条应采用强度等级为 E50 的焊条，如碱性焊条：E5016、E5015、E5503、E5501 等。对于强度要求不太高的焊件，亦可选用 E4316、E4315 焊条。

(3) 16Mn 钢的埋弧自动焊。埋弧自动焊时，焊剂多选用高锰、高硅型的焊剂 431 和焊剂 350 等，配合 H08A、H08MnA、H10Mn2 或 H10MnSi 等焊丝，可以得到很好的效果。当焊件不开坡口时，一般可选用 H08A 焊丝，对于开坡口焊件的焊接，选用合金元素含量较高的焊丝 H08MnA、H10Mn2 和 H10MnSi；对于大厚度深坡口的焊件，可选用 H10Mn2 焊丝，这样都可保证得到力学性能较高的焊接接头。焊剂在使用前要经过 250℃，1～2 h 烘干，焊件在焊前要认真清理。

(4) 16Mn 钢的 CO_2 气体保护焊。采用的焊丝有细焊丝（直径 $\phi0.6$～$\phi1.2$ mm）和粗

焊丝两种。前者主要用于薄板结构及厚板窄间隙焊接，后者用于中厚板结构或铸钢件补焊中。焊丝牌号常用 H08Mn2Si 和 H10MnSi。

2. 15MnV 和 15MnTi 钢的焊接

(1) 15MnV 和 15MnTi 钢的焊接性。15MnV 和 15MnTi 钢是属于 400 MPa 级的普低钢。它们分别是在 16Mn 钢的基础上加入了 0.06%～0.12%的 V 和 0.12%～0.2%的 Ti 炼制而成。钒或钛的加入，能使钢材强度增高，同时又能细化晶粒，减少钢材的过热倾向。此外，这两种钢含碳量的上限比 16Mn 钢低 0.02%，所有具有良好的焊接性。因此，当板厚小于 32 mm，在 0℃以上施焊时，原则上可不预热；当板厚大于 32 mm 或在 0℃以下施焊时，则应预热至 100～150℃。焊后采用 550～650℃的回火处理。

(2) 15MnV 和 15MnTi 钢的手工电弧焊。对于厚度不大、坡口不深的结构，可采用 E5016、E5015、E5003、E5001 等焊条。厚度较大的结构可采用 E5016、E5015 和 E5515－G 焊条。

(3) 15MnV 和 15MnTi 钢的埋弧自动焊。对于厚度较小、焊后不回火的 15MnV 和 15MnTi 钢，可采用 H08MnA 焊丝配合焊剂 431；对厚度较大或坡口较深的焊缝则需采用 H10Mn2 或 H08Mn2Si 焊丝配合焊剂 431 或焊剂 350；对于特大厚度深坡口的焊缝可采用 H08MnMoA 焊丝配合焊剂 431 或焊剂 350、焊剂 250 进行焊接。

(4) 15MnV 和 15MnTi 钢的 CO_2 气体保护焊。焊丝采用 H08Mn2Si。

3. 18MnMoNb 钢的焊接

(1) 18MnMoNb 钢的焊接性。18MnMoNb 钢属于 500 MPa 级的普低钢，采用铌来强化的中温压力容器用钢。这种钢焊接时具有一定的淬硬倾向，所以焊前一般需要预热，预热温度为 200～250℃。为防止焊后产生延迟裂纹，产品在焊后应及时进行 650℃的回火处理。

(2) 18MnMoNb 钢的手工电弧焊。可采用 E6016－D_1、E7015－D_2 等抗拉强度大于 650 MPa 的焊条。使用时应严格遵守碱性焊条的使用规则，并重视坡口的清理工作，以免由氢引起冷裂。

(3) 18MnMoNb 钢的埋弧自动焊。可选用 H08Mn2MoA 及 H08Mn2MoVA 两种焊丝，配合焊剂 250 或焊剂 350。焊接时层间温度应控制在 300℃以下。

应当注意，采用上述各种焊接方法，在焊件装配点固前应局部预热到 170℃以上，否则会在焊接热影响区产生微裂纹。

§3—4　铬钼耐热钢的焊接

高温下具有足够的强度和抗氧化性的钢叫作耐热钢。珠光体耐热钢是以铬、钼为主要合金元素的低合金钢，由于它的基本组织是珠光体（或珠光体＋铁素体），故称珠光体耐热钢。

一、珠光体耐热钢的特性

1. 高温强度　普通碳素钢当长时间在温度超过 400℃的情况下工作时，在不太大的应力作用下就会破坏，因此不能用来作耐高温设备。铬和钼是组成珠光体耐热钢的主要合金元素，其中钼能显著提高金属的高温强度，在 500～600℃时仍保持较高的强度。

2. 高温抗氧化性　在钢中加入铬，则由于铬和氧的亲和力比铁和氧的亲和力大，高温时，在金属表面首先生成氧化铬，由于氧化铬非常致密，相当于金属表面形成了一层保护膜，从而可以防止内部金属受到氧化，所以耐热钢中一般都含有铬。

钢中的碳与铬具有很大的亲和力，能形成铬的化合物，从而降低了钢中铬的有效浓度，这对高温抗氧性是不利的，所以珠光体耐热钢的含碳量一般都小于0.25%。

由于钒能与碳形成稳定的碳化钒，降低碳的有害作用，从而提高了钢的高温强度，所以这类钢中往往加入一定量的钒。耐热钢中的含钒量一般不超过0.5%，基本上介于0.25%～0.35%之间，含量过高反而有降低高温强度的倾向。

耐热钢中还可以加入钨、铌、铝、硼等合金元素，以提高高温强度。

二、珠光体耐热钢的焊接性

铬和钼能提高金属的高温强度和高温抗氧化性，但它们使金属的焊接性变差。在热影响区具有淬硬倾向，焊后在空气中冷却时易产生硬而脆的马氏体组织，不仅影响焊接接头的力学性能，而且产生很大的内应力，使热影响区有冷裂倾向。含碳量和含铬量越多，淬硬倾向越严重。

由于耐热钢中含有铬、钼、钒等合金元素，因此具有再热裂纹的问题。

三、珠光体耐热钢焊接工艺

为了保证耐热钢有高温强度和高温抗氧化性，钢中加入铬和钼，但铬和钼的加入给焊接带来一定的困难。为了防止热影响区淬硬及产生裂缝，因此在焊接时应采取下列几项工艺措施：

1. 预热　预热是焊接珠光体耐热钢的重要工艺措施。为了确保焊接质量，不论是在点固焊或焊接过程中，都应预热并保持在150～300℃温度范围内。

2. 保温焊和连续焊　所谓保温焊，是指在整个过程中，应使焊件（焊缝附近30～100 mm范围）保持足够的温度。因此在焊接过程中，应经常测量并不使温度下降。

所谓连续焊，是指焊接过程中最好不间断。如果必须间断，则应在间断时使焊件缓慢均匀地冷却，再焊之前仍要重新预热。

3. 短道焊　短道焊也是为了使焊缝及热影响区缓慢冷却。如果要焊一条长焊缝，则每一道不要焊得太长，使被焊的这一段在较短的时间内重复受热，如图3—1所示。

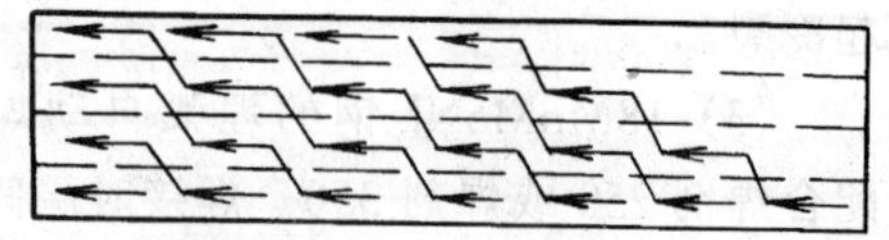

图3—1　短道焊

采用短道焊法，焊缝和热影响区的每一点，在很短时间内都需重复受热。但这种焊法有许多不便之处，如果在焊接过程中焊件温度并不低或有其他辅助加热方法，则不必采用这种方法。

4. 自由状态下焊接　由于铬钼耐热钢裂纹倾向比较大，故在焊接时焊缝的拘束度不能过大，以免造成过大的刚度。特别在厚板焊接时，妨碍焊缝自由收缩的拉肋和夹具、卡具应尽量避免使用。

5. 焊后缓冷　焊后缓冷是焊接铬钼耐热钢必须严格遵循的原则，即使在炎热的夏季也必须做到这一点。一般是焊后立即用石棉布覆盖焊缝及近缝区，小的焊件可以直接放在石棉灰中。覆盖必须严实，以确保焊后缓冷。

6. 焊后热处理　焊后应立即进行热处理，其目的是为了防止延迟裂纹，消除应力和改善组织。

对于厚壁容器及管道，焊后常进行高温回火，即将焊件加热至700～750℃（低于A_{c1}），保温一定时间，然后在静止空气中冷却。

为了改善组织、提高性能，可进行退火处理：将焊件加热至840～910℃，保温一定的时间（2～3 min/mm）然后以每小时约30℃的冷速至540℃，再炉冷或空冷至室温。

7. 焊条的选择　选择耐热钢焊条主要是根据化学成分，而不根据常温力学性能。为了确保焊接接头的高温强度和高温抗氧化性不低于基本金属，焊条的合金含量应与焊件相当或者略高一些。

使用铬钼耐热钢焊条，应严格遵守使用碱性焊条的各项规则。主要是：焊条的烘干、焊件的仔细清理，使用直流反接电源，用短弧焊接等。铬钼耐热钢焊条的选用见表3—7。

表3—7　　铬钼耐热钢焊条的选用及预热、焊后热处理

材料牌号	焊接工艺		焊后热处理（℃）
	预热温度（℃）	电焊条	
16Mo	200～250	E5015－A1	690～710
12CrMo	200～250	E5515－B1	680～720
15CrMo	200～250	E5515－B2	680～720
20CrMo	250～350	E5515－B2	650～680
12Cr1MoV	200～250	E5515－B2－V	710～750
13Cr3MoVSiTiB	300～350	E5515－B3－VNb	740～760
12Cr2MoWVB	250～300	E5515－B3－VWB	760～780
12MoVWBSiRe（无铬8号）	250～300	E5515－B2－V	750～770
13SiMnWVB（无铬7号）	250～300	E5515－B2－V	750～770
ZG20CrMoV	350～400	E5515－B2－V	690～710
ZG15Cr1Mo1V	350～400	25515－B2－V	720
13CrMo44	150～200	E5515－B2	680～720
14MoV63	200～300	E5515－B2－V	700～720
10CrMo910	200～300	E6015－B3	700～775
10CrSiMoV7	200～300	E5515－B2－V	730

铬钼耐热钢手弧焊时，也可选用奥氏体不锈钢焊条，如E0－18－12Mo2－16、E1－23－13－16、E1－23－13Mo2－16等，焊前仍需预热，焊后一般不热处理。这种方法特别适用于有些焊件焊后不能热处理，而含铬量又高时。

铬钼耐热钢埋弧焊时，可选用与焊件成分相同的焊丝配焊剂250进行焊接。

§3—5　不锈钢的焊接

一、不锈钢简介

不锈钢在航空、化工和原子能等工业中，得到日益广泛的应用。各种不锈钢都具有优良的化学稳定性，但并不是绝对不会生锈，如在加工、使用和保温不当时，不锈钢仍会生锈。

能抵抗大气腐蚀的钢称为不锈钢，通常不锈钢包括耐酸钢和耐热钢。耐酸钢能抵抗某些酸性介质的腐蚀；耐热钢在高温下具有良好的抗氧化性和高温强度。由于耐酸钢和耐热钢同时能抵抗大气的腐蚀，故习惯上也包括在不锈钢内。因此说耐酸钢和耐热钢一般具有不锈的性能，而不锈钢一般的耐酸性和耐热性能却较差。也有某些钢既可作为不锈钢，又可作为耐酸钢和耐热钢，如1Cr18Ni9Ti钢就是最典型的一种。

不锈钢按化学成分和组织不同分类如下：

1. 按化学成分不同分

（1）铬不锈钢　1Cr13、2Cr13、3Cr13、4Cr13、Cr17、Cr28等。

（2）铬镍不锈钢　0Cr18Ni9　1Cr18Ni9Ti、Cr18Ni12Mo2Ti等。

2. 按组织不同分

（1）铁素体不锈钢　Cr17、Cr17Ti、Cr28。

（2）马氏体不锈钢　2Cr13、3Cr13、4Cr13。

（3）奥氏体不锈钢　0Cr18Ni9、1Cr18Ni9Ti、Cr18Ni12Mo2Ti。

不锈钢中，奥氏体不锈钢比其他不锈钢具有更优良的耐腐蚀性、耐热性和塑性；可焊性良好，是应用最广泛的一种钢种。

二、铬镍奥氏体不锈钢的焊接

1. 铬镍奥氏体不锈钢的焊接性

由于铬镍奥氏体不锈钢含有较高的铬，可形成致密的氧化膜，故具有良好的耐蚀性能。当含铬量为18%，含镍量为8%时，基本上能得到均匀的奥氏体组织。含铬和镍量越高，奥氏体组织越稳定，耐蚀性能就越好。奥氏体钢具有良好的耐蚀性和塑性及高温性能和焊接性，但如果焊条选用或焊接工艺不正确时，会产生下列问题：

（1）晶间腐蚀问题。晶间腐蚀是18－8型奥氏体钢（例如1Cr18Ni9）最危险的破坏形式之一。室温下碳元素在奥氏体的溶解度很小，约0.02%～0.03%，而一般奥氏体钢中含碳量均超过0.02%～0.03%，因此只能在淬火状态下使碳固熔在奥氏体中，以保证钢材具有较高的化学稳定性。但是这种淬火状态的奥氏体钢，当加热到450～850℃或在该温度下长期使用时，就会在腐蚀介质中产生晶间腐蚀。

奥氏体钢产生晶间腐蚀，一般认为是由于晶粒边界形成贫铬层造成的，其原因是在450～850℃温度下，碳在奥氏体中的扩散速度大于铬在奥氏体中的扩散速度。当奥氏体中含碳量超过它在室温的溶解度（0.02%～0.03%）后，碳就不断地向奥氏体晶粒边界扩散，并和铬化合，析出碳化铬$Cr_{23}C_6$。但是铬的原子半径较大，扩散速度较小，来不及向边界扩散，晶界附近大量的铬和碳化合成碳化铬，造成奥氏体边界贫铬，当晶界附近的金属含铬量低于12%时就失去了抗腐蚀的能力，在腐蚀介质作用下，即产生晶间腐蚀。

受到晶间腐蚀的不锈钢，从表面上看没有痕迹，但在受到应力时即会沿晶界断裂，几乎完全丧失强度。奥氏体不锈钢在焊接不当时，会在焊缝和热影响区造成晶间腐蚀，有时在焊缝和基本金属的熔合线附近，也会发生如刀刃状的晶间腐蚀，称为刀状腐蚀。

在焊接奥氏体不锈钢时，可用下列措施防止和减少焊件产生晶间腐蚀：

1）控制含碳量。碳是造成晶间腐蚀的主要元素，碳含量在0.08%以下时，能够析出碳的数量较少，碳含量在0.08%以上时，能够析出碳的数量迅速增加。所以常控制基本金属和焊条的含碳量在0.08%以下，如0Cr18Ni9Ti钢板、E0－19－10－15、E0－19－10Nb－15焊条等。另外，若奥氏体钢中的含碳量小于0.02%～0.03%时，则全部碳都熔于奥氏体中，即使在450～850℃加热也不会形成贫铬层，故不会产生晶间腐蚀。通常所说的超低碳不锈钢（如00Cr18Ni10、00Cr17Ni14Mo3、E00－19－10－16焊条）含碳量小于0.03%，因此不会产生晶间腐蚀。

2）添加稳定剂。在钢材和焊接材料中加入钛、铌等，与碳亲和力比铬强的元素，能够与碳结合成稳定的碳化物，从而避免在奥氏体晶界造成贫铬，对提高抗晶间腐蚀能力起十分良好的作用。常用的不锈钢材和焊接材料都含有钛和铌，如 1Cr18Ni9Ti、1Cr18Ni12Mo2Ti 钢材、E0－19－10Nb－15 焊条、H0Cr19Ni9Ti 焊丝等。

3）进行固溶处理或稳定化热处理。将焊接接头进行固溶处理，方法是在焊后把焊接接头加热到 1 050～1 100℃，此时碳又重新熔入奥氏体中，然后迅速冷却，稳定了奥氏体组织。另外，也可以进行 850～900℃ 保温 2 h 的稳定化热处理，此时奥氏体晶粒内部的铬逐步扩散到晶界，晶界处的含铬量又重新恢复到大于 12%，这样就不会产生晶间腐蚀。

4）采用双相组织。在焊缝中加入铁素体形成元素，如铬、硅、铝、钼等，以使焊缝形成奥氏体加铁素体的双相组织。因为铬在铁素体中的扩散速度比在奥氏体中快，因此铬在铁素体内较快地向晶界扩散，减轻了奥氏体晶界的贫铬现象。一般控制焊缝金属中铁素体含量为 5%～10%，如铁素体过多，也会使焊缝变脆。

5）加快冷却速度。因为奥氏体钢不会产生淬硬现象，所以在焊接过程中，可以设法增加焊接接头的冷却速度，如焊件下面用铜垫板或直接浇水冷却。在焊接工艺上，可以采用小电流、大焊速、短弧、多道焊等措施，缩短焊接接头在危险温度区停留的时间，则不致形成贫铬区。此外，还必须注意焊接次序，与腐蚀介质接触的焊缝应最后焊接，尽量不使它受重复的焊接热循环作用。

（2）焊接热裂纹。热裂纹是奥氏体不锈钢焊接时比较容易产生的一种缺陷，包括焊缝的纵向和横向裂纹、火口裂纹、打底焊的根部裂纹和多层焊的层间裂纹等，特别是含镍量较高的奥氏体不锈钢易产生。因此，奥氏体不锈钢产生热裂纹的倾向要比低碳钢大得多，主要原因是：

1）奥氏体不锈钢的导热系数大约只有低碳钢的一半，而线膨胀系数却大得多，所以焊后在接头中会产生较大的焊接内应力。

2）奥氏体不锈钢中的成分（如碳、硫、磷、镍等）会在熔池中形成低熔点共晶，例如，硫与镍形成的 Ni_3S_2 熔点为 645℃，而 Ni—Ni_3S_2 共晶的熔点只有 625℃。

3）奥氏体不锈钢的液、固相线的区间较大，结晶时间较长，且奥氏体结晶的枝晶方向性强，所以杂质偏析现象比较严重。

对于铬镍奥氏体不锈钢来说，防止热裂纹的重要措施是，采用双相组织的焊条。使焊缝形成奥氏体和铁素体的双相组织。当焊缝中有 5% 左右的铁素体时，便可使奥氏体的晶粒长大受到阻碍，打乱柱状晶的方向，因而细化了晶粒，使焊缝中的杂质均匀分散，防止杂质的聚集。并且，铁素体还可以比奥氏体熔入更多的杂质，从而减少了低熔点共晶物在奥氏体晶格边界上的偏析。此外，在焊接工艺上采用碱性焊条、小电流、快速焊，收尾时尽量填满弧坑及采用氩弧焊打底等措施来防止热裂纹。

2. 铬镍奥氏体不锈钢的焊接工艺

（1）手工电弧焊

1）焊前准备。根据钢板厚度及接头形式，用机械加工、等离子切割或碳弧气刨等方法下料和加工坡口。对接接头板厚超过了 3 mm 须开坡口，为了避免焊接时碳和杂质混入焊缝，在焊前，应将焊缝两侧 20～30 mm 范围内用丙酮擦净，并涂白垩粉，以避免表面被飞溅金属损伤。

2）焊条的选用。奥氏体不锈钢焊条有酸性焊条钛钙型药皮和碱性焊条低氢型药皮两大类。低氢型不锈钢焊条的抗热裂性较高，但成型不如钛钙型焊条，抗腐蚀也较差。钛钙型不锈钢焊条具有良好的工艺性能，生产中用得较多。

各种不锈钢在不同使用条件下应选用不同型号的焊条，见表3—8。

表3—8　常用奥氏体不锈钢焊条的选用

钢材牌号	工作条件及要求	选用焊条
0Cr18Ni9	工作温度低于300℃，同时要求良好的耐腐蚀性能	E0－19－10－16；E0－19－10－15 E00－19－10－16
1Cr18Ni9Ti	要求优良的耐腐蚀性能及要求采用含钛稳定的Cr18Ni9型不锈钢	E0－19－10Nb－16 E0－19－10Nb－15
Cr18Ni12Mo2Ti	抗无机酸、有机酸、碱及盐腐蚀	E0－18－12Mo2－16 E0－18－12Mo2－15； E00－19－12Mo2－16
	要求良好的抗晶间腐蚀性能	E0－18－12Mo2Nb－16 E00－19－12Mo2－16
Cr18Ni12Mo2Cu2Ti	在硫酸介质中要求更好的耐腐蚀性能	E0－19－13Mo2Cu2－16
Cr25Ni20	高温工作（工作温度低于1 100℃）不锈钢与碳钢焊接	E2－26－21－16；E2－26－21－15

3）焊接工艺。由于奥氏体不锈钢的电阻较大，焊接时产生的电阻热也大，所以同样直径的焊条，焊接电流值应比低碳钢焊条降低20%左右，否则焊接时由于药皮的迅速发红失去保护而无法焊接。

焊接过程中，焊条最好不作横向摆动（采用小电流、快焊速、不摆动），一次焊成的焊缝不宜过宽，最好不超过焊条直径的3倍。多层焊时，每焊完一层要彻底清除熔渣，并控制层间温度，等到前层焊缝冷却后（<60℃），再焊接下一层。与腐蚀介质接触的焊缝，为防止由于过热而产生晶间腐蚀，应尽量最后焊接。焊后可采取强制冷却措施，加速接头冷却速度。焊接开始时，不要在焊件上随便引弧，以免损伤焊件表面，影响耐腐蚀性。

（2）氩弧焊。氩弧焊目前已普遍用于不锈钢的焊接，它与手工电弧焊比较有下列优点：氩气保护作用好；氩弧的温度高，热量集中，而且有氩气流的冷却作用，焊缝的热影响区小；焊缝的强度高，耐腐蚀性好，焊件的变形小，因此焊缝的质量比手工电弧焊高。此外氩弧焊在焊接时无熔渣（不需清渣），焊后无夹渣的缺陷。氩弧焊的生产率高，易于自动化，并能用于焊接0.5 mm的薄板。

目前在氩弧焊中，应用较广的是手工钨板氩弧焊，用于焊接0.5～3 mm的不锈钢薄板，焊丝的成分一般与焊件相同，保护气体一般采用工业纯氩。焊接时速度应适当地快些，这样可以减小焊件的变形和减少焊缝中的气孔，但过快会造成焊缝的不均匀和未焊透等缺陷。焊接时尽量避免横向摆动。

对于厚度大于3 mm的不锈钢，可采用熔化极氩弧焊。熔化极氩弧焊的优点是生产率高，焊缝的热影响区小，焊件的变形小和耐腐蚀性好，并易于自动化。

（3）埋弧自动焊。奥氏体不锈钢的埋弧焊，一般用于中等厚度以上的钢板（6～50 mm），采用埋弧自动焊不仅可以提高生产率，而且也能显著提高焊缝质量。

在焊接奥氏体不锈钢时，为了避免产生裂纹，必须选择适当的焊丝成分和焊接工艺参数，使焊缝中有5%左右的铁素体。

(4) 气焊。由于气焊方便灵活，可焊各种空间位置的焊缝，对一些薄板结构和薄壁管等不锈钢部件，在没有抗腐蚀要求下有时尚采用气焊。

为防止过热，焊嘴一般比焊接同样厚度的低碳钢时要小，气焊火焰要使用中性焰，焊丝根据焊件成分和性能选择，气焊粉用气剂101，焊接时最好用左向焊法，焊接时焊距的焊嘴与焊件成40°～50°，焰心距熔池应不小于2 mm，焊丝端头与熔池接触，并与火焰一起沿接缝移动，焊炬不作横向摆动，焊速要快，并尽量避免中断。

三、不锈复合钢板的焊接

1. 不锈复合钢板简介　不锈复合钢板由复层（不锈钢）和基层（碳钢、低合金钢）组成。通常复层只有1.5～3.5 mm厚，比单体不锈钢可节省60%～70%的不锈钢，具有很大的经济意义（见图3—2）。

不锈复合钢板导热系数比单体不锈钢高1.5～2倍，因此特别适用于既要求耐腐蚀性又要求传热效率高的设备，可用来制造化工、石油等工业部门的容器和管道。

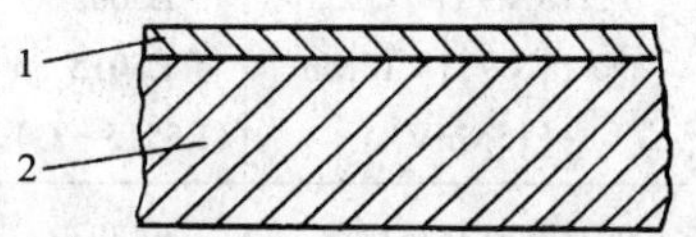

图3—2　不锈复合钢板
1—复层（不锈钢）　2—基层（碳钢、低合金钢）

2. 不锈复合钢板的焊接性　不锈复合钢板是由两层不同性质的钢板复合而成，故在焊接时有它的特殊性，既要满足基层的焊接结构强度，又要使较薄的复层满足耐腐蚀性能要求。对于基层要避免铬、镍等合金含量增高，因铬、镍含量增高，基层焊缝中会形成硬脆组织，容易产生裂纹，影响焊缝强度；对于复层要避免增碳，因复层焊缝增碳就大大降低其耐腐蚀性。因此焊接工作比单层钢板复杂，要采用复合钢板特殊的焊接工艺。

采用不锈复合钢板特殊的焊接工艺时要遵循下列原则：

(1) 不能用碳钢或低合金焊条向高合金材料上焊。因此要先焊碳钢或低合金钢，后焊不锈钢。

(2) 焊不锈钢焊缝时，为减少热影响区，降低合金稀释率，宜采用小电流、直流反接、直道多道焊，焊接时焊条不宜作横向摆动。

3. 不锈复合钢板焊接工艺

(1) 焊条选用。由于复合钢板焊接的特殊性，要采用三种不同的焊条来焊接同一条焊缝，以保证焊缝质量。

基层与基层焊接，采用与基层材质相应的碳钢焊条，复层与复层的焊接采用与复层材质相应的焊条，基层与复层交界处——过渡层的焊接可采用铬、镍含量高的Cr25Ni13或Cr23Ni12Mo2型焊条，如E1-23-13-16、E1-23-13-15，以减少碳钢对不锈钢合金成分的稀释作用和补充焊接过程中合金成分的烧损。

焊接各种不锈复合钢板的焊条选用，可参照表3—9。

表3—9　　不锈复合钢板焊接材料选用

钢板牌号	手工焊焊条型号			埋弧自动焊	
	基　层	过渡层	复　层	焊丝牌号	焊剂牌号
0Cr13+Q235	E4303 E4315	E1-23-13-16 E1-23-13-15	E0-19-10-16 E0-19-10-15	基层 H08MnA H08A	焊剂431

续表

钢板牌号	手工焊焊条型号			埋弧自动焊	
	基　层	过渡层	复　层	焊丝牌号	焊剂牌号
0Cr13+16Mn（15MnV）	E5003 E5015 （E5515－G）	E1－23－13－16 E1－23－13－15	E0－19－10－16 E0－19－10－15	基层 H10Mn2 H10MnSi （H08MnMoA）	焊剂 431 330 250
0Cr13＋12CrMo	E5015－B_1	E1－23－13－16 E1－23－13－15	E0－19－10－16 E0－19－10－15	基层 H12CrMo	焊剂 260 250
1Cr18Ni9Ti＋Q235 0Cr18Ni9Ti＋Q235	E4303 E4315	E1－23－13－16 E1－23－13－15	E0－19－10Nb－16 E0－19－10Nb－15	基层 H08MnA H08A	焊剂 431
1Cr18Ni9Ti＋Q235 0Cr18Ni9Ti＋16Mn （15MnV）	E5003 E5015 （E5515－G）	E1－23－13－16 E1－23－13－15	E0－19－10Nb－16 E0－19－10Nb－15	基层 H10Mn2 H10MnSi （H08MnMoA）	焊剂 431 330 250
0Cr17Ni13Mo2Ti＋ Q235	E4303 E4315	E1－23－13Mo2－16	E0－18－12Mo2 Nb－16	基层 H08MnA H08A	焊剂 431
0Cr17Ni13Mo2Ti＋ 16Mn（15MnV）	E5003 E5015 （E5515－G）	E1－23－13Mo－16	E0－18－12Mo2Nb－16	基层 H10Mn2 H10MnSi （H8MnMoA）	焊剂 431 330 250

（2）焊缝坡口和接头组对。选用不锈复合钢板的坡口形式，应考虑过渡层的焊接特点：先焊基层，后焊过渡层，最后焊复层。以尽量减少复层一侧的焊接量，并避免复层焊缝的多次重复加热，从而提高焊缝质量减少设备内部铲焊根的工作量。

组对焊件时，要求以复层为基准对齐，尤其是在不等厚度复合钢板组对时更应注意这一点（见图3—3）。如果复层面错边大，则会影响复层面的焊缝质量，所以错边 e 最好不要超过1 mm。

焊前复层坡口，必须进行严格的除油污工作，常用汽油、四氯化碳、丙酮去油污。

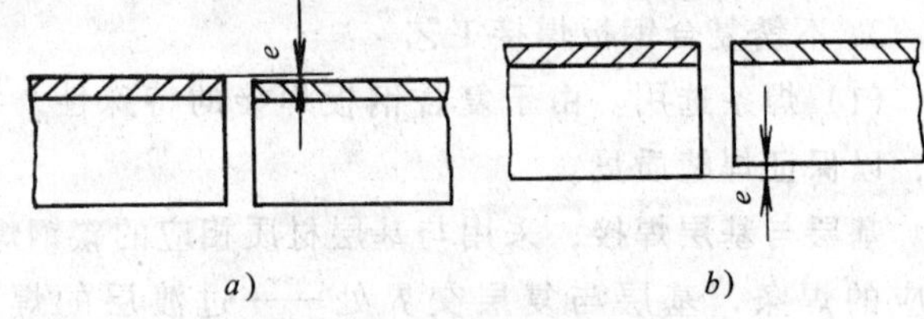

图3—3　不锈复合钢板的组对

a）不正确　b）正确

（3）焊接中应注意的问题。在不锈复合钢板的焊接操作过程中，还应注意以下几点：

1）在基层点焊时，必须用碳钢焊条，不可使用不锈钢焊条。当点焊点靠近复层时，须适当控制电流（小些为好），以防止复层产生增碳现象，影响复层的耐腐蚀性。

2）严禁用碳钢焊条焊到复层和用过渡层焊条焊在复层表面上。

3）碳钢焊条的飞溅落在复层的坡口面上时，要仔细清除干净。

4）焊接电流应严格按照工艺参数中的规定，不能随意变更。

5）焊碳钢层时的飞溅物，粘附在复层表面将破坏其表面氧化膜，遇腐蚀性介质就形成腐蚀点，所以焊前应分别在坡口两侧150 mm范围内涂上白垩水溶液，以防止飞溅物的粘附。

§3—6 铸铁焊补

含碳量大于2%的铁碳合金叫铸铁，铸铁中除了含有铁和碳以外，还含有硅、锰、磷、硫等元素。在某些特殊用途的合金铸铁中，还分别含有铜、镁、镍、钼或铝等元素，这些元素的存在很大程度上影响了铸铁的焊接性能。

铸铁目前常以铸件的形式应用于生产，由于铸造工艺的特点，铸铁件往往存在着各种不同程度的缺陷，在生产中也有许多各种原因而损坏的铸铁件。所以，铸铁的焊接实际上就是对存有缺陷或者损坏的铸铁件进行补焊。这样就能为国家节约大量的人力、物力和财力，所以，铸铁补焊具有很大的经济意义。

一、铸铁简介

铸铁按照碳在组织中存在的形式不同，分为白口铸铁、灰铸铁、可锻铸铁和球墨铸铁等。

1. 灰铸铁　铸铁中的碳，主要以片状石墨的形式分布于金属基体中，其断口呈暗灰色，可把灰铸铁看作是钢的基体加上片状石墨组成，由于石墨的强度相对于金属基体来说是极小的，所以灰铸铁的组织，可看作是钢基本上存在着许多“裂纹”，因而它的抗拉强度、塑性和冲击韧性就大大降低了。但由于灰铸铁中石墨以片状存在，因而它具有良好的耐磨性、消振性和切削加工性，并具有较高的抗压强度，故在工业上应用极广。

2. 白口铸铁　白口铸铁的碳以渗碳体（Fe_3C）形式存在于金属中，其断面呈银白色，故称白口铸铁。其性质硬而脆，冷加工、热加工和切削加工都很困难，工业上应用极少。

3. 可锻铸铁　石墨以团絮状分布的铸铁称为可锻铸铁，它是白口铸铁经长时间退火而成。

可锻铸铁具有较高的抗拉强度和良好的塑性，但并不能够锻造。可锻铸铁适宜制造薄壁和形状复杂受冲击载荷的零件，如各种管接头及拖拉机、汽车、纺织机零件等。

4. 球墨铸铁　石墨以球状分布的铸铁称为球墨铸铁。球墨铸铁是在铁水中加入稀土金属、镁合金和硅铁等球化剂，处理后使石墨球化而成的。球墨铸铁的强度接近于碳钢，具有良好的耐磨性和一定的塑性，并能通过热处理提高性能，因此，被广泛用于机械制造业中。

二、灰铸铁的焊接性

灰铸铁的焊接性不良，特别是在电弧焊时，如果焊条选用不当或者未采取特殊的工艺措施，则在焊接过程中会产生一系列的缺陷。这些缺陷大致有以下几种：

1. 焊后产生白口组织　在焊补灰铸铁时，往往会在熔合线处生成一层白口组织，严重时会使整个焊缝断面全部白口化，由于白口组织硬而脆，极难进行机械加工，对于焊后需进行机械加工带来很大的困难。

（1）产生白口的原因。主要是由于冷却速度快和石墨化元素不足，在一般的焊接条件下，焊补区的冷却速度比铸件在铸造时快得多，特别是在熔合线附近，是整个焊缝冷却速度最快的地方，而且其化学成分又和基本金属相接近，所以首先在该处形成白口组织。

（2）防止产生白口组织的方法

1）减慢焊缝的冷却速度。延长熔合区处于红热状态的时间，可使石墨能充分析出。通常采取将焊件预热到400℃（半热焊）左右或600～700℃（热焊）后进行焊接，也可在焊接后将焊件保温冷却，可减慢焊缝的冷却速度，而使焊缝避免产生白口组织。

选用适当的焊接方法（如气焊），可使焊缝的冷却速度减慢，而减少焊缝处的白口倾向。

2）改变焊缝化学成分。增加焊缝中石墨化元素的含量，可在一定条件下防止焊缝金属产生白口，如在焊条或焊丝中加入大量的碳、硅元素，以便在一定的焊接工艺条件配合下，使焊缝形成灰口组织。此外，还可采用非铸铁焊接材料（镍基、铜钢、高钒钢），来避免焊缝金属产生白口或其他脆硬组织的可能性。

2．产生裂纹

（1）产生裂纹的原因。由于灰铸铁的塑性接近于零，抗拉强度又较低，当焊接时，因局部快速加热或冷却，造成较大的内应力，则易造成裂纹。

此外，当焊缝处产生白口组织时，因白口组织硬而脆，它的冷却收缩率又比基本金属（灰铸铁）大得多，促使焊缝金属在冷却时易于开裂。

（2）防止裂纹的方法

1）焊前预热和焊后缓冷。焊前将焊件整体或局部预热和焊后缓冷，不但能减少焊缝的白口倾向，并能减小焊接应力和防止焊件开裂。

2）采用电弧冷焊减小焊接应力。其措施如下：选用塑性较好的焊接材料，如用镍、铜、镍铜、高钒钢等作为填充金属，使焊缝金属可通过塑性变形松弛应力，防止裂纹；用细直径焊条、小电流、断续焊（间歇焊）或分散焊（跳焊）的方法，可减小焊缝处和基本金属的温度差，而减小焊接应力；通过锤击焊缝，可以消除应力，防止裂纹。

（3）其他措施。在基本金属坡口内钻孔攻螺纹后，把螺钉拧在坡口上，如图3—4所示，然后进行焊补。这样，使熔合区附近的应力主要由螺钉承受，从而防止了焊缝处的裂纹。

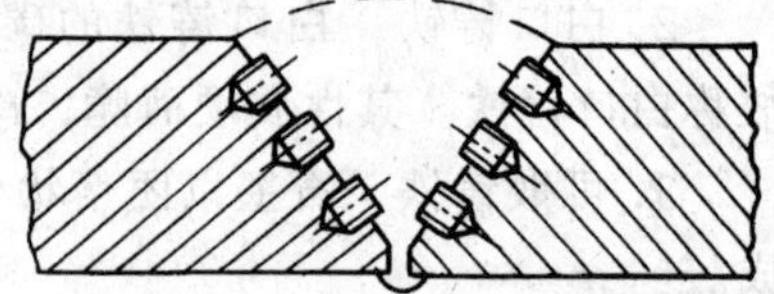

图3—4 螺钉分布的位置

三、灰铸铁的焊补

灰铸铁的焊补方法，主要是采用电弧焊或气焊，也可采用钎焊或电渣焊。根据焊件在焊接前是否预热，可把手弧焊分为冷焊、半热焊（预热温度在400℃以下）和热焊（预热温度为400～700℃）。

1．电弧焊

（1）冷焊法。电弧焊冷焊法，是指焊件在焊前不预热，焊接过程中也不辅助加热，因此可以大大加速焊补生产率，降低焊补成本，改善劳动条件，减少焊件因预热时受热不均匀，而产生的变形和焊件已加工面的氧化。因此，在可能的条件下应尽量采用冷焊法。目前冷焊法正在我国推广使用，并获得了迅速的发展。但是冷焊法在焊接后因焊缝及热影响区的冷却速度很大，极易形成白口组织。此外因焊件受热不均匀，常形成较大内应力，会造成裂纹。从减少焊件熔化，避免混入更多的碳及硫，尽量降低热影响区宽度出发，在冷焊时应注意以下几点：

1）焊前应彻底清理油污，裂纹两端要打止裂孔，加工的坡口形状，要保证便于焊补及减少焊件的熔化量。

2）采用钢芯或铸铁芯以外的焊条时，小直径焊条应尽量用小的焊接电流，以便减小内应力和热影响区的宽度。

3）采用短焊道焊接法，一般每次焊10～40 mm，待其充分冷却后再焊。

4）采用逐步退焊法，这样可以大大降低拉应力，对防裂有好处。

5）每焊一短焊道后，立即用圆头锤快速锤击焊缝。

冷焊焊条按焊接后焊缝的可加工性分为两类：一类用于焊后不需要机械加工的铸件，如钢芯铸铁焊条（EZCQ），只适用小型薄壁铸件刚度不大部位的缺陷焊补；另一类用于焊后需要机械加工的铸件，如纯镍焊条（EZNi－1）、镍铁铸铁焊条（EZNiFe－1）、镍铜铸铁焊条（ENiCu－1）等。

（2）热焊法。热焊法是在焊接前将焊件全部或局部加热到600～700℃，并在焊接过程中保持一定温度，焊后在炉中缓冷的焊接方法。用热焊法时，焊件冷却缓慢，温度分布均匀，有利于消除白口组织，减少应力，防止产生裂纹。但热焊法成本高、工艺复杂、生产周期长、焊接时劳动条件差，因此应尽量少用。只有当缺陷被四周刚性大的部位所包围，在焊接时不能自由热胀冷缩，用冷焊易造成裂纹的焊件才采用热焊。热焊时，焊条型号用EZCQ，采用大电流（焊接电流可为焊条直径的50倍），连续焊。把预热温度为300～400℃的焊补，称为半热焊。采用石墨化能力强的焊接材料，也可成功地进行焊补。但消除裂纹问题没有热焊有把握。

2．气焊　气焊火焰温度比电弧温度低得多，因而焊件的加热和冷却比较缓慢，这对防止灰铸铁在焊接时产生白口组织和裂纹都很有利。所以用气焊焊补的铸件质量一般都比较好，因而气焊成为焊补铸铁的常用方法。但气焊与电弧焊相比，其生产率低成本高、焊工的劳动强度大、焊件变形也较大，焊补大型铸件时难以焊透。因此，目前许多工厂已逐步采用电弧焊代替气焊焊补铸铁件。但由于气焊铸件的质量较好，易于切削加工，在许多工厂中的中小型灰铸铁件，还是较多的用气焊焊补。

（1）焊丝与气剂

1）焊丝。为了保证气焊的焊缝处不产生白口组织，并有良好的切削加工性，铸铁焊丝的成分中应有高的含碳量和含硅量。

2）气剂。用统一牌号“气剂201”，熔点较低（约650℃）呈碱性，能将气焊铸铁时产生的高熔点二氧化硅，复合成易熔的盐类。

（2）火焰。焊接火焰用中性焰或弱碳化焰。具体选用应根据焊补的情况，一般可选用中性焰，因焊丝中碳和硅含量已较高，能避免焊缝处产生白口组织，用中性焰焊补后，焊缝中金属的强度较高。用弱碱化焰焊补会使焊缝金属渗碳而降低强度，但当要求提高焊缝金属的切削加工性或不预热焊较厚的铸铁时，可用弱碳化焰使焊缝增碳，以降低焊缝金属的硬度。

火焰功率宜大些，否则不易消除气孔、夹渣。

（3）操作要点。焊接时，要在基本金属熔透后再加入焊丝金属，以防止熔合不良；发现熔池中有小气孔和白亮点夹杂物时，可以向熔池中加入少量气焊熔剂，有助于消除夹渣，但气焊熔剂不宜加入过多，否则反而容易产生夹渣、气孔；适当加大火焰的功率，提高熔池铁水温度，有利于气体及夹物浮起，因而能减少气孔、夹渣；操作时应注意火焰始终要盖住熔池；加入焊丝时，经常用焊丝轻轻搅动熔池，促使气体、熔渣浮出；焊补将完毕时，应使焊缝稍高于焊件表面，并用焊丝刮去杂质较多的表层面。

3．钎焊　钎焊加热温度低，焊接速度快，因此焊接应力小。焊补过程中基本金属又不熔化，所以组织变化很小。如用黄铜作钎焊材料焊补铸铁，可获得良好的效果，用于不要求色泽一致的小缺陷的焊补，也可用于灰铸铁件磨损表面的堆焊。

§3—7 铝及铝合金的焊接

一、铝及铝合金简介

1. 性能　铝是银白色的轻金属，密度小（2.7 g/cm³），熔点低（658℃），具有良好的塑性、导电性、导热性和耐蚀性。由于纯铝的强度较低，在工业上应用不广。

在纯铝中加入镁、锰、硅、铜及锌等元素，即形成铝合金。铝合金与纯铝相比，其强度显著提高，目前已广泛地用于航空、造船、化工及机械制造工业。

2. 铝及铝合金分类

(1) 纯铝　纯铝的纯度为98.8%～99.7%，纯铝按其所含杂质的多少分级，常用的牌号为L1，L2、L4、L6，其中L1含杂质最少。

(2) 铝合金　铝合金的分类如下：

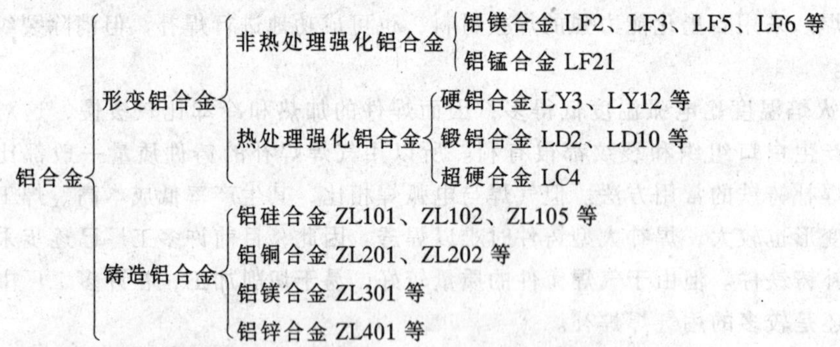

铝合金
- 形变铝合金
  - 非热处理强化铝合金
    - 铝镁合金 LF2、LF3、LF5、LF6 等
    - 铝锰合金 LF21
  - 热处理强化铝合金
    - 硬铝合金 LY3、LY12 等
    - 锻铝合金 LD2、LD10 等
    - 超硬铝合金 LC4
- 铸造铝合金
  - 铝硅合金 ZL101、ZL102、ZL105 等
  - 铝铜合金 ZL201、ZL202 等
  - 铝镁合金 ZL301 等
  - 铝锌合金 ZL401 等

非热处理强化铝合金的特点是强度中等、塑性及抗腐蚀性好，焊接性也较好，是目前铝合金焊接结构中应用最广的铝合金。

热处理强化铝合金，经处理后强度高，但焊接性差，特别在熔化焊时，裂纹倾向较大。

二、铝及铝合金的焊接性

1. 易氧化　铝和氧的亲和力很大，因此在铝合金表面总有一层难熔的氧化铝薄膜。氧化铝的熔点2 050℃，远远超过铝合金的熔点（一般约660℃左右）。在焊接过程中，氧化铝薄膜会阻碍金属之间的良好结合，造成熔合不良与夹渣。

在焊接铝合金时，除了铝的氧化外，合金元素也易被氧化和蒸发，例如焊接铝镁或铝锌镁系合金时，由于镁和锌的蒸发温度都很低（分别为1 107℃和907℃），且又易氧化，所以其含量都会因氧化和蒸发而减少，这样会严重降低焊接接头的性能。此外，氧化镁熔点很高，和氧化铝一起会造成焊缝的夹渣。因此在焊接铝及铝合金时，为了保证焊接质量，焊前必须除去焊件表面的氧化膜，并防止在焊接过程中再氧化，这是铝和铝合金熔化焊的重要特点。

2. 易产生气孔　氮不熔于液态铝，铝也不含碳，因此不会产生氮和一氧化碳气孔。焊接铝合金时，使焊缝产生气孔的气体是氢气，氢能大量地熔于液态铝，但几乎不熔于固态铝，因此熔池结晶时，原来熔于液态铝中的氢几乎全部析出，形成气泡。同时铝和铝合金的密度小，气泡在熔池里的浮升速度较小，加上铝的导热性强，冷凝快，因此在焊接铝时，焊缝产生气孔的倾向很大。

焊接时为了减少氢的来源，焊前对焊丝、焊件、焊条等都应认真清除氧化膜、潮气和油污。焊接过程尽可能少中断，以防止气孔的形成。另外在选择工艺参数时采用强参数，则使氢以过饱和状态固溶在固体中，减少氢气孔的产生。

3. 易焊穿　铝及铝合金由固态转变为液态时，没有显著的颜色变化，所以不易判断熔池的温度。另外，温度升高时，铝的力学性能降低，在370℃时仅为10 MPa。因此，焊接时常因温度过高无法察觉而导至烧穿。

4. 热裂纹　铝的线膨胀系数比铁将近大一倍，而其凝固时的收缩率又比铁大两倍，因此铝焊件的焊接应力大。此外合金的成分对热裂纹的产生有很大影响，当合金的液相线和固相线的距离大或杂质过多形成低熔点共晶时，都容易造成热裂纹。

焊接铝及铝合金时防止热裂纹，应从减少焊接应力、调节熔池金属成分、改善熔池结晶条件、正确选择焊接方法及控制工艺参数等几方面来考虑。

实践证明，纯铝及大部分非热处理强化铝合金在熔化焊时，很少产生裂纹，只有在杂质含量超过规定或刚性很大的不利条件下，才会产生裂纹。只有热处理强化铝合金焊接时，产生热裂纹的倾向比较大。

三、铝及铝合金焊接

1. 焊前准备及焊后清理

(1) 焊前准备

1) 焊前清理。焊前清理是保证铝及铝合金焊接质量的重要工艺措施。在焊前应严格清除焊件坡口及焊丝表面的氧化膜和油污，清理的方法可采用化学清洗或机械清理。

化学清洗用10%左右氢氧化钠水溶液，使氢氧化钠与氧化铝作用生成易溶的氢氧化铝 $Al(OH)_3$。机械清理，先用有机溶剂（丙酮、松香水或汽油）擦拭表面以除油，随后用细的铜丝刷或不锈钢丝刷刷去氧化膜。

2) 预热。由于铝的比热比钢大一倍、导热性比钢大两倍，所以为了防止焊缝区热量的大量流失，焊前可对焊件进行预热。

薄、小铝件一般可不预热。厚度超过5～8 mm的铝件，可预热100～300℃。

(2) 焊后清理。焊后留在焊缝及邻近的残存焊粉和焊渣，在空气、水分的参与下会激烈地腐蚀铝件，所以必须及时清理干净。

焊后清理的方法：将焊件在10%的硝酸溶液中浸洗，处理温度分15～20℃和60～65℃两种。前者处理时间为10～20 min，后者5～15 min。浸洗后用冷水再冲洗一次，然后用热空气吹干或在100℃干燥箱内烘干。

2. 气焊

(1) 焊接材料

1) 焊丝。铝和铝合金焊丝，一般可选用与焊件金属化学成分相同的焊丝或切条。在焊接铝镁合金时，考虑到镁在焊接时的烧损，可选用含镁量比焊件金属高1%～2%的铝镁焊丝。

常用铝合金焊丝的牌号和用途见表3—10。

表3—10　　铝焊丝的牌号及用途

统一牌号	名　称	用　　途
丝301	纯铝焊丝	焊接纯铝或要求不高的铝合金
丝311	铝硅合金焊丝	除铝镁合金外其他各种铝合金。焊缝金属有较高的抗裂性能，也能保证一定的力学性能

续表

统一牌号	名　称	用　　途
丝 321	铝锰合金焊丝	焊接铝锰及其他铝合金，焊缝有良好的耐腐蚀性及一定的强度
丝 331	铝镁合金焊丝	焊接铝镁及其他铝合金，焊缝有良好的耐腐蚀性及力学性能

2）气焊熔剂。铝及铝合金气焊时必须使用铝焊熔剂，目前常用的铝焊熔剂是“气剂401”。熔点为560℃，是白色粉状混合物，极易吸潮和氧化，使用时用水调成糊状后涂于焊丝和焊件表面。气焊熔剂的作用是：熔融和清除覆盖在熔池表面的氧化膜，并在熔池表面形成一层较薄的熔渣，保护熔池金属不被氧化。排除熔池的气体、氧化物及其他夹杂物。改善熔池金属的流动性。

(2) 火焰选择。火焰应选用中性焰或轻微碳化焰。中性焰温度较高，焊接时速度要快，轻微碳化焰的温度稍低，对熔池的保护良好，故熔池金属的流动性好，操作方便，但乙炔过多时可能在焊缝中形成气孔。

3. 手工电弧焊　手工电弧焊焊接铝，一般板厚在 4 mm 以上才采用。因铝焊条药皮成分中有氯、氟，焊条稳弧性不好，要求使用直流反接电源。铝焊条极易吸潮，为了防止气孔，必须严格烘干（150℃左右烘 1～2 h）。国产铝及铝合金电焊条牌号、焊芯成分、力学性能及用途见表 3—11。焊接时焊条不宜摆动，焊接速度比钢焊条快 2～3 倍，并在保持稳定燃烧的前提下采用短弧焊，以防止金属氧化，减小飞溅和增加熔透深度。焊后应仔细清除熔渣，以防焊件被腐蚀。

表 3—11　　铝及铝合金电焊条

焊条型号	焊芯成分（%）			焊接接头抗拉强度（MPa）	用　　途
	硅	锰	铝		
TAl	—	—	约 99.5	⩾65	焊接纯铝及一般接头强度要求不高的铝合金
TAlSi	约 5	—	余量	⩾120	焊接铝板、铝硅铸件、一般铝合金及硬铝
TAlMn	—	约 1.3	余量	⩾120	焊接纯铝、铝锰合金及其他铝合金

4. 氩弧焊　因氩弧焊的保护作用好、热量集中、焊缝质量好、成形美观、热影响区小和焊件的变形小，因此对质量要求高的铝及铝合金构件，常用氩弧焊焊接。由于氩弧焊在焊接时氩气的保护作用，及使用适当的电源极性，对熔池表面氧化膜产生“阴极破碎”作用，故在焊接时可以不用熔剂，这就避免了焊后清除熔渣的工序。

钨极氩弧焊一般适用于焊接薄板，具有电弧稳定、成形美观、焊件变形小、操作灵活等优点，在焊接尺寸较精密的小零件时更为合适。由于受到钨极允许电流密度的限制，它的熔透能力小，所以厚度大于 6 mm 的厚板一般不采用。否则就要开坡口采用多层焊，这样，不但生产率低，而且变形也大。厚板一般用熔化极氩弧焊。

钨极氩弧焊采用交流电源，这样既对熔池表面铝的氧化膜有“阴极破碎”作用，又可采用较高的电流密度。

熔化极氩弧焊适用于焊接厚度大于 8 mm 以上的铝及铝合金板材，可选用大电流密度和高焊接速度，因此生产率比钨极氩弧焊提高 3～5 倍，焊件越厚，生产率提高越显著。

熔化极氩弧焊采用直流反接电源，对熔池表面的氧化膜有“阴极破碎”作用；焊接时电弧比较稳定，电弧的自身调节作用强，焊接电流应尽量选大些，以达到射流过渡。焊接电弧不宜过短，否则会引起严重飞溅；但也不宜过长，以防电弧飘动和氩气的保护作用变差。

四、铸造铝合金的焊补

在铝合金铸件的生产和使用时，常会碰到一些具有缺陷或损坏的铸件，如气孔、缩孔、夹渣、裂纹和断裂等，用焊补的方法修复使用，可为国家节约大量的人力和物力。

在铝合金铸件中，常用的铝硅合金焊接性良好，液体金属流动性好，收缩率小，焊接时裂纹倾向小。铝铜合金的焊接性也较好。含镁量高的铝镁合金的焊接性稍差（镁易蒸发，气孔、裂纹倾向较大）。

铝合金铸件的焊补一般采用气焊或氩弧焊，焊接工艺措施如下：

1. 焊前准备　焊补件在焊前必须彻底清除泥砂、油污和氧化膜；铸件的缺陷必须全部铲除干净，如有裂纹则应在裂纹的两端钻出止裂孔，以防止焊接时裂纹的扩展；当焊件壁厚大于 5 mm 时应开 V 形坡口，对厚度大于 10 mm 的铸件常需进行预热，预热温度约为 300℃；为了防止焊补处烧穿，可在反面用湿石棉布垫上；离焊补处较近的铸件边缘也应用金属块垫好或挡住。

2. 焊丝和气焊熔剂　焊丝一般采用与铸件成分相同的材料。焊丝中易烧损的元素（如锌、镁等）尽量控制在规定范围的上限，也可用丝 311 铝硅焊丝焊补铝镁合金以外的各种合金。气焊时气焊熔剂用气剂 401。

3. 焊后处理　焊补后应立即清除焊件上残存的焊剂和熔渣，以防止其对铸件的腐蚀，为了消除焊接应力，焊补后最好进行 300～350℃退火处理。

§3—8　铜及铜合金的焊接

一、铜及铜合金简介

根据所含的合金元素不同，铜及铜合金可以分为紫铜、黄铜、青铜及白铜等。

1. 紫铜　纯铜的色泽呈紫红色，故称紫铜。它具有很高的导电性、导热性、耐蚀性和良好的塑性，易于热压或冷压加工。广泛地用于电气及化工等工业中制造导体、散热器、耐蚀零件等。

工业纯铜按其所含杂质多少分为一号铜（T1）、二号铜（T2）、三号铜（T3）、四号铜（T4）及无氧铜（Tu1、Tu2），其中 T1 及 Tu1 含杂质最少。

2. 黄铜　铜和锌的合金称为黄铜（普通黄铜）。黄铜的耐腐蚀性高，冷、热加工性能好，力学性能和铸造性能比紫铜好，成本也较低，因此广泛用于各种结构零件。

黄铜根据性能和用途不同，可分为压力加工黄铜和铸造黄铜两类。

3. 青铜　铜合金中主要加入元素不是锌，而是锡、铝、铅等其他元素时通称为青铜。如锡青铜、铝青铜、硅青铜等。

青铜具有高的耐磨性及良好的力学性能、铸造性能和耐腐蚀性能，常用于制造各种耐磨零件及与酸、碱、蒸汽等腐蚀介质接触的零件。

4. 白铜　铜和镍的合金称为白铜。由铜和镍组成的合金叫普通白铜，加有锰、铁、锌、铝等元素的合金称为锰白铜、铁白铜、锌白铜和铝白铜。

按照性能和应用范围不同，可把白铜分为结构用白铜（力学性能和耐腐蚀性较好）和电工白铜两类。

二、铜及铜合金的焊接性

1. 难熔合　铜及铜合金的导热性比钢好得多，铜的导热系数是钢的7倍，随着温度的升高，差距还要大。大量的热被传导出去，焊件难以局部熔化，必须采用功率大、热量集中的热源，有时还要预热。热影响区很宽。

2. 铜的氧化　铜在常温时不易被氧化。但是随着温度的升高，当超过300℃时，其氧化能力很快增大，当温度接近熔点时，其氧化能力最强。氧化的结果生成氧化亚铜（Cu_2O）。焊缝金属结晶时，氧化亚铜和铜形成低熔点（1 064℃）的共晶，分布在铜的晶界上，大大降低了焊接接头的力学性能，所以，铜的焊接接头的性能一般低于焊件。

3. 气孔　铜及铜合金产生气孔的倾向远比钢严重。其中一个直接原因是铜导热性好，焊接熔池凝固速度快，液态熔池中气体上浮的时间短来不及逸出，易造成气孔。但根本原因是，气体溶解度随温度下降而急剧下降及化学反应产生气体所致。

铜合金中的气孔分两种类型，即氢造成的扩散气孔和水蒸气造成的反应气孔。铜及铜合金液态金属能熔入氢，高温时熔入很多，随着温度的降低，溶解度也降低，铜的溶解度降低幅度比钢大得多。这就是说，在焊缝凝固前，会有很多氢要逸出，但铜焊缝的凝固速度比较快，氢来不及逸出便要形成气孔，即扩散气孔。

高温时，铜与氧亲和力较大，形成 Cu_2O，在 1 200℃ 以上可熔于液态铜中，低于1 200℃便要游离出来，与氢发生如下反应：

$$Cu_2O + 2H \longrightarrow 2Cu + H_2O \tag{3—2}$$

所形成的水蒸气不溶于液态铜，若来不及逸出也会形成气孔，这便是反应气孔。

防止产生气孔的主要措施：

（1）防止焊缝金属吸氢及氧化，焊件表面在焊前应去油污、水分等，焊条、焊剂要烘干使用，焊丝表面不得有水分。

（2）对焊缝加强脱氧，加入硅、铝、钛、锰等脱氧元素。

（3）焊接时加强保护效果。

（4）选择合适的焊接工艺参数，降低冷却速度，焊缝有效厚度不可过大。

4. 热裂纹　铜及铜合金焊接时，在焊缝及熔合区易产生热裂纹。形成热裂纹的原因主要有以下几个方面：

（1）铜及铜合金的线膨胀系数几乎比低碳钢大50%以上，由液态转变到固态时的收缩率也较大，对于刚性大的焊件，焊接时会产生较大的内应力。

（2）熔池结晶过程中，在晶界易形成低熔点的氧化亚铜——铜的共晶物（$Cu + Cu_2O$）。

（3）凝固金属中的过饱和氢向金属的显微缺陷中扩散，或者它们与偏析物（如 Cu_2O）反应生成的 H_2O 在金属中造成很大的压力。

（4）焊件中的铋、铅等低熔点杂质在晶界上形成偏析。

为了防止热裂纹的产生，必须严格限制焊件和焊接材料的氧、铅、铋、硫等有害元素的含量。焊接时加强对熔池的保护，采取减少焊接应力的工艺措施，如选用热量集中的热源、焊前预热、选择合理的焊接顺序、焊后缓冷等。

5. 接头性能低　焊接铜及铜合金时，由于存在合金元素的氧化及蒸发、有害杂质的侵入、焊缝金属和热影响区组织的粗大，再加上一些焊接缺陷等问题，接头的强度、塑性、导电性、耐腐蚀性等往往低于母材。

改善和防止的办法:选择合适的焊接材料,严格控制工艺参数,有可能时要作焊后热处理。

三、紫铜的焊接

1. 气焊

(1) 焊丝和气焊熔剂。可用特制丝 201 (紫铜焊丝) 或丝 202 (低磷铜焊丝), 这二种焊丝都含有脱氧剂。另一种是用一般的紫铜丝或基本金属的剪条, 而把脱氧剂放到焊粉中去, 焊粉可用气剂 301。

(2) 气焊工艺。焊前应很好地做好焊丝和焊件的清洁工作, 一般用钢丝刷或砂纸打光, 以去除表面的油污和吸附的气体。

焊接火焰应选用中性焰。氧化焰会使熔池氧化, 在焊缝中形成脆性的氧化亚铜; 碳化焰则会产生一氧化碳和氢气, 进入焊缝形成气孔。

由于紫铜的导热性高而热容量大, 因此选择焊嘴的号码应比焊接碳钢时稍大, 并在焊前将焊件预热, 对中、小焊件的预热温度为 400～500℃, 厚大焊件预热温度为 600～700℃, 为了防止热量散失, 焊件最好放在绝热的材料, 如石棉板之类的衬垫上焊接。

高温铜液容易吸收气体, 使焊缝金属产生多孔性的缺陷, 由于焊缝热影响区的晶粒粗大, 会使焊接接头的力学性能低, 所以焊缝的焊接层数越少越好, 最好进行单道焊。焊后锤击焊接接头, 能使金属致密和晶粒变细, 从而提高其力学性能。对厚度小于 5 mm 的焊件可在冷态锤击, 较厚的焊件可在焊后冷至 250～350℃时锤击。

2. 手工电弧焊　焊条可选用 TCu 或 TCuSnB。其中 TCu 的焊芯是纯铜, TCuSnB 的焊芯成分是磷青铜, 药皮都是低氢钠型, 电源用直流反极性。

焊前应清理焊缝边缘。焊件厚度大于 4 mm 时, 焊前必须预热, 随着焊件厚度和尺寸增大, 预热温度应该相应提高, 预热温度一般在 300～500℃之间。

焊接时应当采用短弧, 焊条不宜作横向摆动, 焊条作往复的直线运动, 可改善焊缝的成形。焊后用平头锤敲击焊缝, 可消除应力和改善焊缝质量。

3. 钨极氩弧焊　用钨极氩弧焊焊接紫铜, 可以得到高质量的焊接接头。这是因为氩气对熔池的保护作用好, 空气中的氧和氢不易进入熔池, 并且氩弧的温度高, 热量集中, 焊缝的热影响区小, 因而焊缝的强度高, 焊件变形小。

焊丝与气焊相同。电源用直流正极性, 即焊件接正极, 钨极接负极。

为了消除气孔, 保证焊透, 提高焊接速度和减少氩气消耗量。焊件必须预热, 但预热温度不宜过高, 否则不仅使劳动条件恶化, 并使焊接热影响区扩大, 降低焊接接头的力学性能。

四、黄铜的焊接

黄铜是铜锌合金, 由于锌的熔点是 419℃, 沸点为 906℃, 因而在焊接时总会造成锌的大量蒸发。锌在蒸发时产生一层白色烟雾, 不但使操作困难, 并且影响焊工身体健康。此外, 锌的蒸发使黄铜的力学性能发生变化。采用含硅的焊丝可阻止锌的蒸发, 因为硅氧化后在熔池表面形成一层氧化物薄膜, 既阻止了锌的蒸发又防止了氢的熔入。

1. 气焊　由于气焊的火焰温度低, 焊接时黄铜中锌的蒸发要比电弧焊时少, 所以气焊是最常用的焊接方法。焊丝可采用丝 221、丝 222、丝 224 等。这些焊丝中含有硅、锡、铁等元素, 能够防止和减少熔池中锌的蒸发和烧损, 有利于保证焊缝的力学性能, 防止焊缝中产生气孔。也可用母材剪条作填充金属。黄铜气焊所用熔剂为“气剂 301”。

焊前必须仔细清理焊件坡口及焊丝表面。焊接较厚大的焊件应预热到 400～500℃，厚度 15 mm 以上的焊件应预热到 550℃左右，黄铜铸件焊补前也须局部或全部预热。

为了减少锌的蒸发，焊接火焰应采用轻微的氧化焰，当用含硅焊丝时使熔池表面覆盖一层氧化硅薄膜，防止锌的蒸发。气焊后，可在 550～650℃温度下进行退火，以消除焊缝应力和改善焊缝的性能。

2. 手工电弧焊　焊接黄铜时一般不用黄铜芯电焊条，因其工艺性能差，焊接时产生锌的大量蒸发和随之引起的严重飞溅。故一般采用青铜芯的电焊条，如 TCuSnB、TCuAl，对焊补要求不高的黄铜铸件可采用紫铜焊条 TCu。

焊接电源应采用直流反接。焊前表面应作仔细清理。焊件厚度超过 14 mm，为了改善焊缝成形，要预热 150~250℃。操作时采用短弧，不作摆动，只作沿焊缝直线移动。此外，焊接时产生严重烟雾，会影响焊工健康和妨碍操作，故应有通风装置。

3. 钨极氩弧焊　黄铜的手工钨极氩弧焊和焊紫铜相似，但由于黄铜的导热性和熔点比紫铜低，以及含有容易蒸发的元素锌等特点，所以在填充焊丝和焊接工艺参数等方面有所不同。

当采用丝 211、丝 222、丝 224 作填充焊丝时，由于含锌量较高，焊接过程中烟雾很大，不仅影响焊工身体健康，而且还妨碍焊接操作的顺利进行，故一般采用 QSi3－1 青铜焊丝。

焊接电源可以用直流正接，也可以用交流。用交流时，锌的蒸发较少，焊件通常不预热但对板厚大于 12 mm 的焊件和焊接边缘厚度相差比较大的接头仍需预热。焊接速度应尽可能快些，板厚小于 5 mm 的接头最好一次焊成。焊件在焊后应加热到 300～400℃进行退火处理，消除焊接应力，防止在使用时产生裂纹。

四、青铜的焊补

青铜的焊接主要用于焊补铸件的缺陷和损坏的机件。青铜焊接时需注意下列问题：

锡青铜的凝固温度范围较大，因而凝固时，在树枝状晶粒间形成细小的空隙和疏松，使金属不致密，在受水压时易渗水。

青铜的线收缩比钢大 50%，故焊件的内应力大，当焊件的刚度大或厚度不均匀时易开裂。锡青铜由于偏析的结果，使焊件更易开裂。防止开裂的方法是将焊件预热，铝青铜的预热温度要比锡青铜高些。

合金元素铝、锡在高温时易氧化和蒸发，铝和锡氧化后形成 Al_2O_3 及 SnO_2。熔池表面的 Al_2O_3 不利于金属熔滴过渡，同时会以夹杂物形式进入焊缝，所以不易得到致密的接头；SnO_2 是硬而脆的夹杂物，对力学性能影响较大。此外，由于氧化物的形成，使熔池周围的还原性气氛加强，氢的熔入增多，在凝固时易形成气孔。焊接时铝和锡元素的烧损使青铜的力学性能变差。

1. 锡青铜的焊接

(1) 气焊。锡青铜常用的焊接方法是气焊，气焊时一般需将焊件预热至 350～450℃，由于锡青铜在高温时有脆性，故在焊接时不允许有冲击，焊后也不能立即搬动，以防焊件开裂。

锡青铜气焊时，应采用中性焰，火焰的功率与焊接碳钢相同。焊丝可采用与焊件金属类似的青铜棒，为了弥补焊接时锡的烧损，含锡量应比基本金属高 1%～2%，以补充焊接时锡的烧损。对于含锡量高的青铜宜采用含有硅、磷、锰等脱氧元素的青铜棒。气焊熔剂用气剂 301，与焊紫铜相同。

(2) 手工电弧焊。青铜电弧焊时焊条可选用 TCuSnB，在焊补穿透性缺陷和边缘部位时，需用垫板或成形挡板。焊接刚度大的焊件时，需预热至 400～550℃。焊后在 200℃以下对焊缝锤击，可使晶粒细化，提高焊缝的致密性和消除焊接应力，但对第一层焊缝及最后一层焊缝一般不进行锤击。焊后立即退火，可防止焊件在冷却过程中产生裂纹和消除焊接应力。

(3) 钨极氩弧焊。锡青铜氩弧焊时，可选用与焊件金属成分相同的焊丝。焊接电流采用直流正极性。如果缺陷所在部位刚性不大，焊件可以不预热，焊补时应尽可能减少焊接部位的过热。在多道焊接时，等上道焊缝冷却到 60～100℃时，再焊第二道焊缝，在焊补缺陷较多或面积较大的情况下，应分散进行焊接。

2. 铝青铜的焊接

(1) 气焊。铝青铜常用的焊接方法是气焊，铝青铜气焊时的主要的困难是熔池表面易产生氧化膜（Al_2O_3），使熔池金属不易与填充金属熔合。气焊熔剂使用气剂 401，可有效的破坏氧化铝膜。此外，在焊接时，必须用焊丝的端部不断地拨动熔池表面，以促使熔滴与熔池良好地融合。

铝青铜焊前应预热到 500～600℃。在同一个铸件上焊补几个缺陷时，应先补大的缺陷，再补小的。因为焊补大缺陷时，对焊件进行了很好的预热，再补较小的缺陷时就比较容易了。当焊补长而深的缺陷时，最好将焊件倾斜 15°角进行上坡焊，这样可以进行单道焊，对保证接头质量有利。

(2) 手工电弧焊。铝青铜在手工电弧焊时采用 TCuAl 焊条，电源应采用直流反极性。对于厚度大于 12 mm 的焊件，在焊前需预热至 200～500℃，用短弧操作，焊条不作横向摆动。

钨极氩弧焊：采用与焊件金属成分相同的材料作焊丝，用交流电进行焊接，以击碎熔池表面铝的氧化膜。焊件厚度大于 12 mm 时，需预热至 150～200℃。焊接电流应比焊接紫铜时小 25%～30%。

复 习 题

1. 什么叫焊接性？影响焊接性的因素有哪些？焊接性试验的目的是什么？

2. 低碳钢的手工电弧焊、埋弧自动焊、电渣焊、二氧化碳气体保护焊常使用哪些焊接材料？

3. 低碳钢常用的焊接方法有哪些？在什么情况下焊接低碳钢时需焊前预热、焊后热处理？

4. 中碳钢的焊接性如何？中碳钢焊接时应采取哪些措施？

5. 普低钢的焊接性如何？如何选择焊条？

6. 奥氏体不锈钢的焊接性如何？

7. 奥氏体不锈钢易产生热裂纹的原因是什么？防止热裂纹的措施有哪些？

8. 不锈复合钢板的焊接工艺要遵循哪两条原则？焊条的选用方法是什么？

9. 灰铸铁的焊接性如何？它们产生缺陷的原因及防止方法是什么？

10. 铝及铝合金的焊接性？纯铝气焊或手弧焊时，应选用什么焊接材料？

11. 铜及铜合金的焊接性如何？紫铜、黄铜气焊或手弧焊时，应选用什么焊接材料？

第四章　焊接应力和变形

§4—1　焊接应力和变形产生的原因及形式

一、焊接应力和变形产生的原因

焊接过程中，焊件受到局部的、不均匀的加热和冷却，因此，焊接接头各部位金属热胀冷缩的程度不同。由于焊件本身是一个整体，各部位是互相联系，互相制约的，不能自由的伸长和缩短，这就使接头内产生不均匀的塑性变形，所以在焊接过程中就要产生应力和变形。

二、焊接变形和应力的种类

1. 焊接变形的种类

(1) 纵向收缩变形。焊缝纵向收缩造成的变形主要是纵向缩短。收缩一般是随焊缝长度的增加而增加。另外，母材线膨胀系数大，焊后焊件的纵向收缩量也大。多层焊时，第一层收缩量最大。

(2) 横向收缩变形。焊缝的横向收缩造成变形主要是横向缩短。缩短量与许多因素有关，如对接焊缝的横向收缩比角焊缝大；连续焊缝比间断焊缝的横向收缩量大；多层焊时，第一层焊缝的收缩量最大。另外，随母材板厚和焊缝熔宽的增加，横向收缩量也增加；同样板厚，坡口角度越大，横向收缩量也越大；同一条焊缝中，最后焊的部分，横向收缩量最大。

(3) 角变形。焊后构件两侧钢板离开原来位置向上翘起一个角度，这种变形叫角变形。见图 4—1，角变形的大小以变形角 α 来进行量度。

它是由于横向收缩变形在焊缝厚度方向上分布不均匀所引起的。

(4) 弯曲变形。在焊接梁、柱、管道等焊件时尤为常见。焊缝的纵向收缩和横向收缩都将造成弯曲变形，如图 4—2 所示。

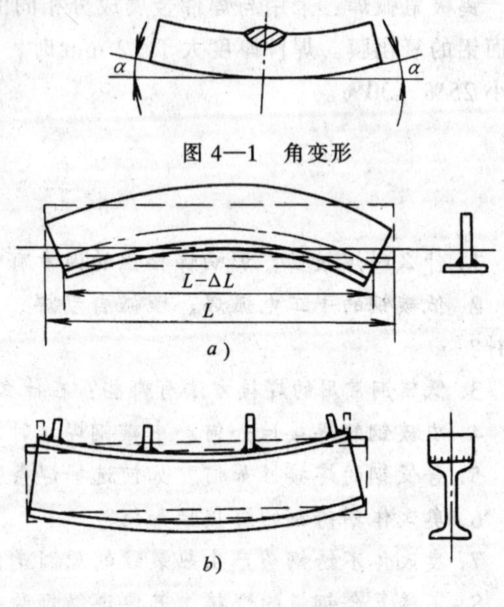

图 4—1　角变形

a）

b）

图 4—2　弯曲变形

a）由纵向收缩引起的弯曲变形

b）由横向收缩引起的弯曲变形

弯曲变形的大小以挠度 f 的数量来度量。f 是焊后焊件的中心轴离原焊件中心轴的最大距离。挠度 f 越大，则弯曲变形越大，如图 4—3 所示。

（5）波浪变形。波浪变形容易在厚度小于 10 mm 的薄板结构中产生。其原因：一是当薄板结构焊缝的纵向缩短使薄板边缘的应力超过一定数值时，在边缘就会出现波浪式变形，如图 4—4 所示；二是由角焊缝的横向收缩引起的角变形所造成的，如图 4—5 所示。

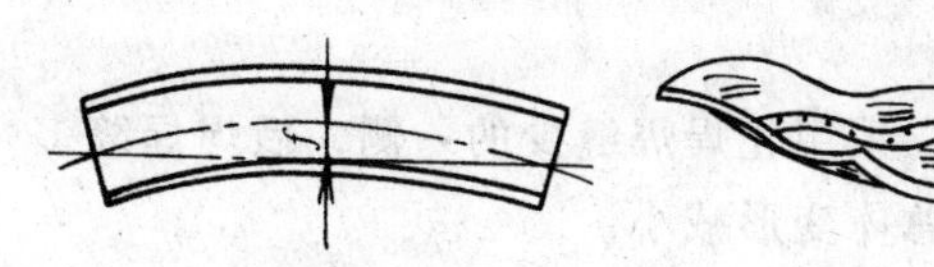

图 4—3　弯曲变形的度量

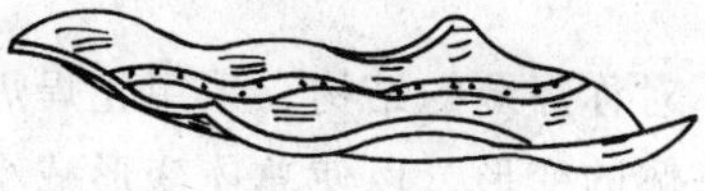

图 4—4　波浪变形

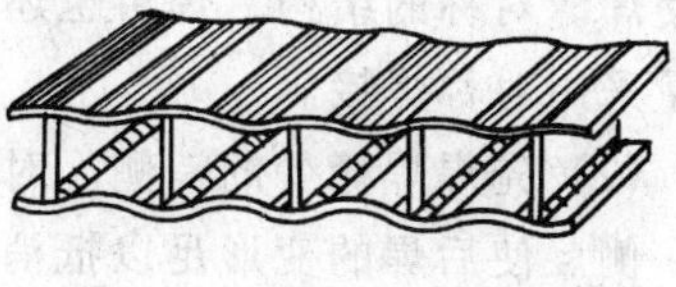

图 4—5　焊接角变形引起的波浪变形

（6）扭曲变形。容易在梁、柱、框架等结构中产生，一旦产生，很难矫正。其原因有：装配之后的焊件位置和尺寸不符合图样的要求；强行装配；焊件焊接时位置搁置不当；焊接顺序、焊接方向不当等都会引起扭曲变形。工字梁的扭曲变形如图 4—6 所示。

（7）错边变形。构件厚度方向和长度方向不在一个平面上，叫错边变形，见图 4—7。其原因是因装配不善或焊接本身所造成。

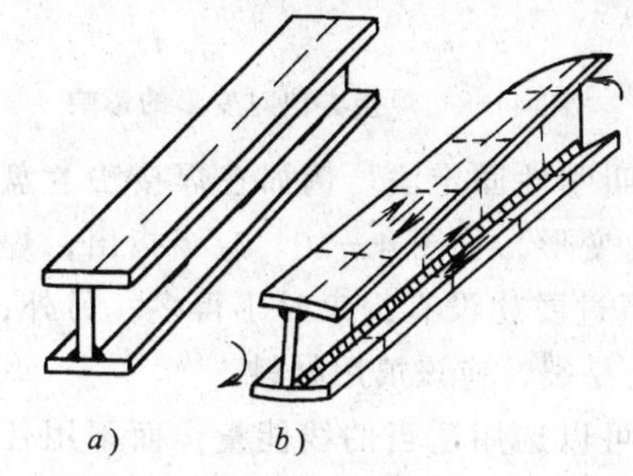

a）　b）

图 4—6　工字梁的扭曲变形
a）焊前　*b*）焊后

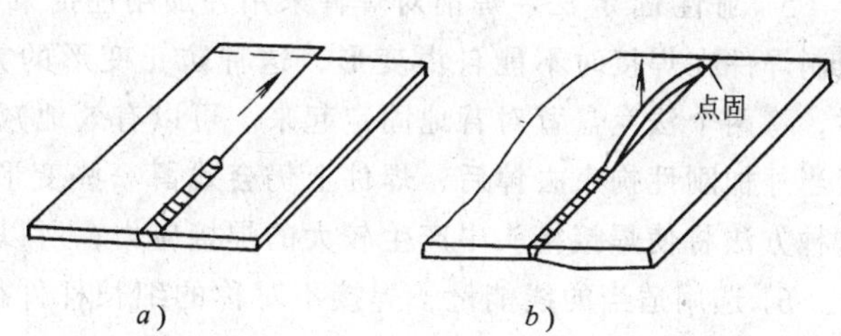

a）　b）

图 4—7　错边变形
a）长度方向的错边　*b*）厚度方向的错边

通过对上述变形的分析可知，产生焊接变形的根本原因是由于焊缝的横向收缩和纵向收缩所引起。

2. 焊接应力的分类　按引起应力的基本原因分有：

（1）温度应力。由于焊接时温度分布不均匀而引起的应力称为温度应力，也称热应力。

（2）组织应力。焊接时由于温度变化引起金属的组织变化，这种组织变化引起金属局部的体积变化所产生的应力称为组织应力。

（3）凝缩应力。在焊接时由于金属熔池从液态冷凝成固态，其体积收缩受到限制而产生的应力称为凝缩应力。

§4—2　控制焊接残余变形的工艺措施和矫正方法

一、控制焊接残余变形常用的工艺措施

1. 选择合理的装配—焊接顺序　采用合理的装焊顺序，对于控制焊接残余变形尤为重要。一般来说，将结构总装后再进行焊接，对于不能采用先总装后焊接的结构，也应选择较

佳的装焊顺序，以达到控制变形的目的。

2. 选择合理的焊接顺序

（1）对称焊。随着结构刚性不断地提高，一般先焊的焊缝容易使结构产生变形。这样，即使焊缝对称的结构，焊后也还会出现变形的现象。所以当结构具有对称布置的焊缝时，应尽量采用对称焊接。

（2）先焊焊缝少的一侧。对于不对称焊缝的结构，采用先焊焊缝少的一侧，后焊焊缝多的一侧。使后焊的变形足以抵消前一侧的变形，以使总体变形减小。

3. 选择合理的焊接方法　长焊缝焊接时，直通焊变形最大，见图 4—8*a*；从中段向两端施焊变形有所减少，见图 4—8*b*；从中段向两端逐步退焊法变形最小，见图 4—8*c*；采用逐步跳焊也可以减少变形，见图 4—8*d*。

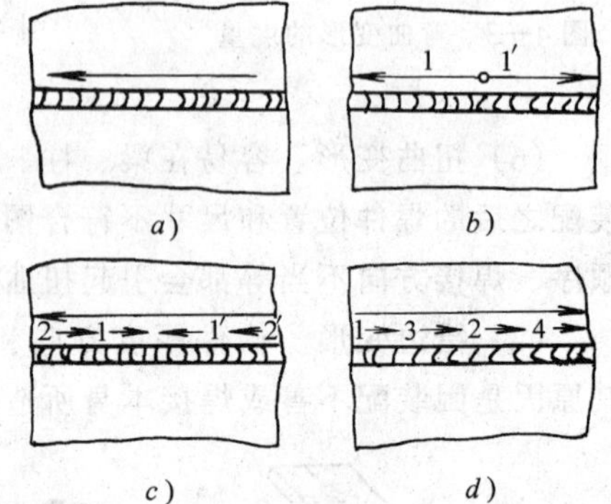

图 4—8　焊接方向对变形的影响

4. 反变形法　为了抵消焊接变形，焊前先将焊件向与焊接变形相反的方向进行人为的变形，这种方法叫做反变形法。例如，为了防止对接接头的角变形，可以预先将焊接处垫高，见图 4—9。

5. 刚性固定法　焊前对焊件采用外加刚性拘束，强制焊件在焊接时不能自由变形，这种防止变形的方法叫刚性固定法。例如在焊接法兰盘时，将两个法兰盘背对背地固定起来。可以有效地减少角变形，见图 4—10。应当指出，焊后当外加刚性拘束去掉后，焊件上仍会残留一些变形，不过要比没有拘束时小得多。另外，这种方法将使焊接接头中产生较大的焊接应力，所以焊后易裂，应该慎用材料。

6. 选用适当的线能量　焊接不对称的细长杆件往往可以选用适当的线能量，而不用任何反变形或刚性固定克服弯曲变形。

7. 散热法　焊接时用强迫冷却的方法将焊接区的热量散走，使受热面积大为减少，从而达到减少变形的目的，这种方法叫散热法。

散热法不适用于焊接淬硬性较高的材料。

8. 自重法　如一焊接梁上部的焊缝明显多于下部，见图 4—11。焊后整根梁将向上弯

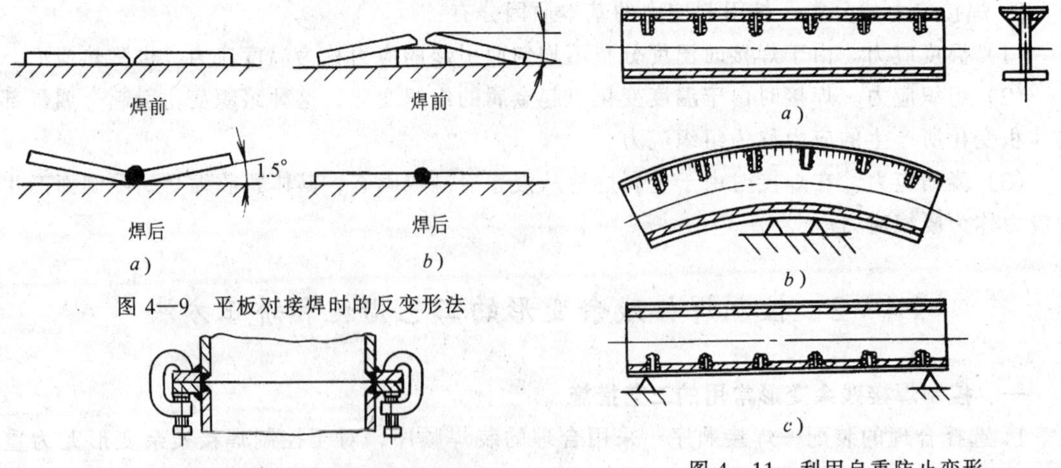

图 4—9　平板对接焊时的反变形法

图 4—10　刚性固定防止法兰角变形

图 4—11　利用自重防止变形

曲。对这样的结构可利用本身的自重来预防弯曲变形，按图 4—11b 所示装焊，使梁的弯曲有所增加，再按图 4—11c 所示进行焊接，由于支墩置于梁的两头，梁的自重弯曲变形与焊缝收缩变形方向相反，所以梁将变得平直。

二、焊接残余变形的矫正方法

1. 机械矫正法　利用机械力的作用来矫正变形。对于低碳钢结构，可在焊后直接应用此法矫正；对于一般合金结构钢的焊接结构，焊后必须先消除应力，处理后才能机械矫正，否则不仅矫正困难，而且易产生断裂。

2. 火焰加热矫正法　是利用火焰局部加热时产生的塑性变形，使较长的金属在冷却后收缩，以达到矫正变形的目的。火焰采用氧—乙炔焰或其他可燃气体火焰，这种方法设备简单，操作易行，但难度很大。

（1）火焰加热的温度。该种矫正法的关键是掌握火焰局部加热时引起变形的规律，以便确定正确的加热位置，否则会得到相反的效果。同时应控制温度和重复加热的次数。这种方法不仅适用于低碳钢结构，而且还适用于部分普低钢结构的矫正，塑性好的材料可用水强制冷却（易淬钢除外）。

对于低碳钢和普通低合金结构钢，加热温度为 600～800℃。正确的加热温度可根据材料在加热过程中表面颜色的变化来识别，见表 4—1。

表 4—1　钢材表面颜色及其相应温度

颜　色	温度（℃）	颜　色	温度（℃）
深褐红色	550～580	樱红色	770～800
褐红色	580～650	淡樱红色	800～830
暗樱红色	650～730	亮樱红色	830～900
深樱红色	730～770		

（2）火焰加热的方式

1）点状加热。加热区为一圆点，根据结构特点和变形情况，可以加热一点或多点。多点加热常用梅花式，如图 4—12。厚板加热点直径 d 要大些，薄板则小些，但一般不得小于 15 mm。变形量越大，点与点之间距离 a 就越小，通常 a 在 50～100 mm 之间。

2）线状加热。火焰沿直线方向移动，或者在宽度方向作横向摆动，称为线状加热。各种线状加热的形式，见图 4—13。加热线的横向收缩大于纵向收缩。横向收缩随加热线的宽度增加而增加。加热线宽度应为钢板厚度的 0.5～2 倍左右。线状加热多用于变形量较大的结构，有时也用于厚板变形矫正。

3）三角形加热。加热区域为一三角形，三角形的底边应在被矫正钢板的边缘，顶端朝内，见图 4—14。三角形加热的面积较大，因而收缩量也较大，常用于厚度较大、刚性较强构件弯曲变形的矫正。

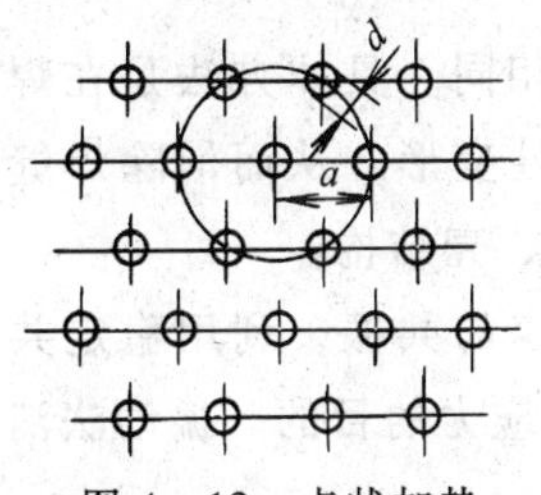

图 4—12　点状加热

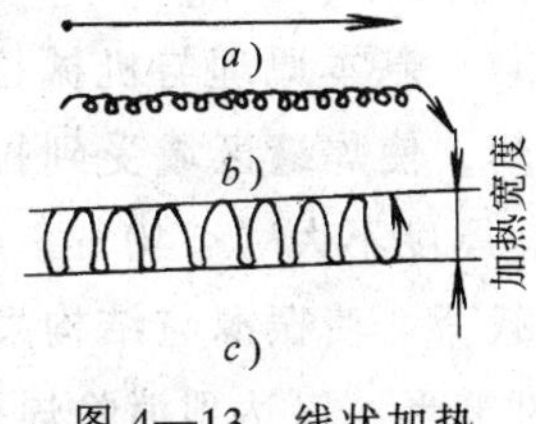

图 4—13　线状加热
a）直通加热　b）链状加热　c）带状加热

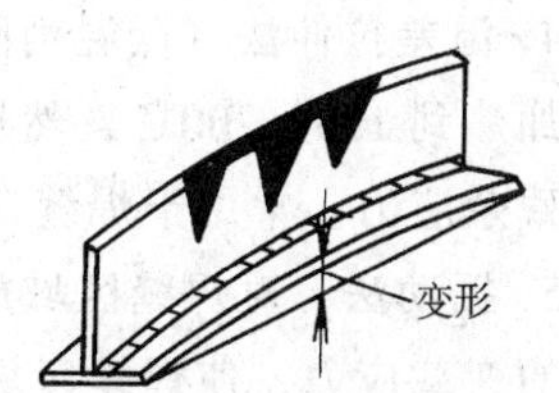

图 4—14　三角形加热

§4—3 减少和消除焊接残余应力的工艺措施和方法

一、减少焊接残余应力常用的工艺措施

1. 采用合理的焊接顺序和方向

(1) 先焊收缩量较大的焊缝，使焊缝能较自由地收缩，以最大限度地减少焊接应力。

(2) 先焊错开的短焊缝，后焊直通长焊缝。

(3) 先焊工作时受力较大的焊缝，使内应力合理分布。

2. 降低局部刚性　焊接封闭焊缝或其刚性较大的焊缝时，可以采取反变形法来降低结构的局部刚性。

3. 锤击焊缝区法　利用锤击焊缝来减小焊接应力是行之有效的方法。当焊缝金属冷却时，由于焊缝的收缩而产生应力，锤击焊缝区，应力可减少1/2～1/4。

锤击时温度应维持在100～150℃之间或在400℃以上，避免在200～300℃之间进行，因为此时金属处于蓝脆阶段，锤击焊缝容易断裂。

多层焊时，除第一层和最后一层焊缝外，每层都要锤击。第一层不锤击是为了避免根部裂纹，最后一层是为了防止由于锤击而引起的冷作硬化。

4. 预热法　焊接温差越大，残余应力也越大。因为焊前预热可降低温差和减慢冷却速度，所以可减少焊接应力。

5. 加热减应区法　在焊接或焊补刚性很大的焊件时，选择构件的适当部位，进行加热使之伸长，然后再进行焊接。这样焊接，残余应力可大大减小。这个加热部位叫做“减应区”。“减应区”原是阻碍焊接区自由收缩的部位，加热了该部位，使它与焊接区近于均匀的冷却和收缩，以减小内应力。

二、消除焊接残余应力的方法

1. 整体高温回火（消除应力退火）　这个方法是将整个焊接结构加热到一定温度，然后保温一段时间，再冷却。同一种材料，回火温度越高，时间越长，应力就消除得越彻底。通过整体高温回火可以将80%～90%的残余应力消除掉。缺点是当焊接结构的体积较大时，需要用容积较大的回火炉，增加了设备的投资费用。

2. 局部高温回火　只对焊缝及其附近的局部区域进行加热以消除应力。消除应力的效果不如整体高温回火，但方法设备简单。常用于比较简单的、拘束度较小的焊接结构。

3. 机械拉伸法　产生焊接残余应力的根本原因是焊件焊后产生了压缩残余变形。因此，焊后对焊件进行加载拉伸，产生拉伸塑性变形，它的方向和压缩残余变形相反，结果使得压缩残余变形减小，因而残余应力也随之减小。

4. 温差拉伸法（低温消除应力法）　基本原理与机械拉伸法相同。具体方法是在焊缝两侧加热到150～200℃，然后用水冷却，使焊缝区域受到拉伸塑性变形，从而消除焊缝纵向的残余应力。常用于焊缝比较规则、厚度不大（<40 mm）的板、壳结构。

5. 振动法　对焊缝区域施加振动载荷，使振源与结构发生稳定的共振，利用稳定共振产生的变载应力，使焊缝区域产生塑性变形，以达到消除焊接残余应力的目的。振动法消除碳素钢、不锈钢的内应力可取得较好效果。

复 习 题

1. 焊接残余变形的基本形式有哪几种？它们各自产生的原因是什么？
2. 影响焊接结构残余变形的因素有哪些？这些因素对残余变形如何影响？
3. 控制焊接残余变形的工艺措施有哪些？
4. 焊接结构残余变形的矫正方法有哪些？
5. 火焰矫正法的原理是什么？它有哪几种形式？
6. 焊接残余应力如何分类？
7. 什么叫残余变形、残余应力、温度应力、组织应力、纵向应力、横向应力？
8. 控制焊接残余应力的工艺措施有哪些？
9. 消除应力热处理的过程和原理是什么？

第五章　焊接检验

焊接检验是保证焊接产品质量的重要措施，在焊接结构生产的过程中，每道工序都进行质量检验，及时消除该工序可能产生的焊接缺陷。这样做比产品加工完成后再来消除缺陷更节约时间、材料和劳动力，既降低了产品的成本，又保证了焊接产品的质量。所以，焊接检验是焊接结构制造过程中，自始至终不可缺少的重要工序。

焊接检验包括焊前检验、焊接过程中的检验和成品检验。完整的焊接检验能保证不合格的原材料不投产，不合格的零件不组装，不合格的组装不焊接，不合格的焊缝必返工，不合格的产品不出厂，层层把住质量关。

焊前检验是焊接检验的第一个阶段，包括检验焊接产品图样和焊接工艺规程等技术文件是否齐备；检验焊接基本金属、焊丝、焊条型号和材质是否符合设计或规定的要求；检验其他焊接材料，如埋弧自动焊剂的牌号、气体保护焊保护气体的纯度和配比等，是否符合工艺规程的要求；检验焊接坡口的加工质量和焊接接头的装配质量，是否符合图样要求；检验焊接设备及其辅助工具是否完好，接线和管道连接是否合乎要求；检验焊接材料是否按照工艺要求去进行去锈、烘干、预热等，焊前检验还是对焊工操作水平的鉴定。焊接接头的质量很大程度上取决于焊工的技术水平，因此，焊工在担任重要的或有特殊要求的产品焊接前，应进行必要的考核。焊工考核分为理论和实际操作两部分，经鉴定合格后，方能上岗操作。焊前检验的目的是预先防止和减少焊接时产生缺陷的可能性。

焊接过程中的检验是焊接检验的第二阶段，主要是依靠焊工在整个操作过程中来完成，它包括检验在焊接过程中焊接设备的运行情况是否正常、焊接工艺参数是否正确；焊接夹具在焊接过程中的夹紧情况是否牢固；在施行埋弧自动焊时的焊剂衬垫效果，以及电渣焊冷却成形滑块在移动时是否出现漏渣；在操作过程中可能出现的未焊透、夹渣、气孔、烧穿等焊接缺陷等。焊接过程中检验的目的，是为了防止由于操作原因或其他特殊因素的影响而产生的焊接缺陷，且便于及时发现并加以去除。认真进行焊接过程中的检验，对于确定在成品检验时新发现缺陷的性质，能提供一定的依据。

成品（包括焊接零部件）检验是焊接检验的最后阶段。焊接结构在生产过程中，虽然经过焊前检验和焊接过程中的检验，但由于影响焊接产品质量的因素很多，如由于焊接过程外界因素的变化或焊接工艺参数的不稳定等，都可能导致焊接缺陷的产生。为了保证焊接产品的质量，对成品必须进行质量检验。

焊接检验的方法很多，应根据产品的使用要求和图样的技术条件进行选用。本章主要介绍对成品焊接接头质量检验的几种常用方法。

焊接检验可分为非破坏检验和破坏性检验两类，其具体方法分类见图 5—1。

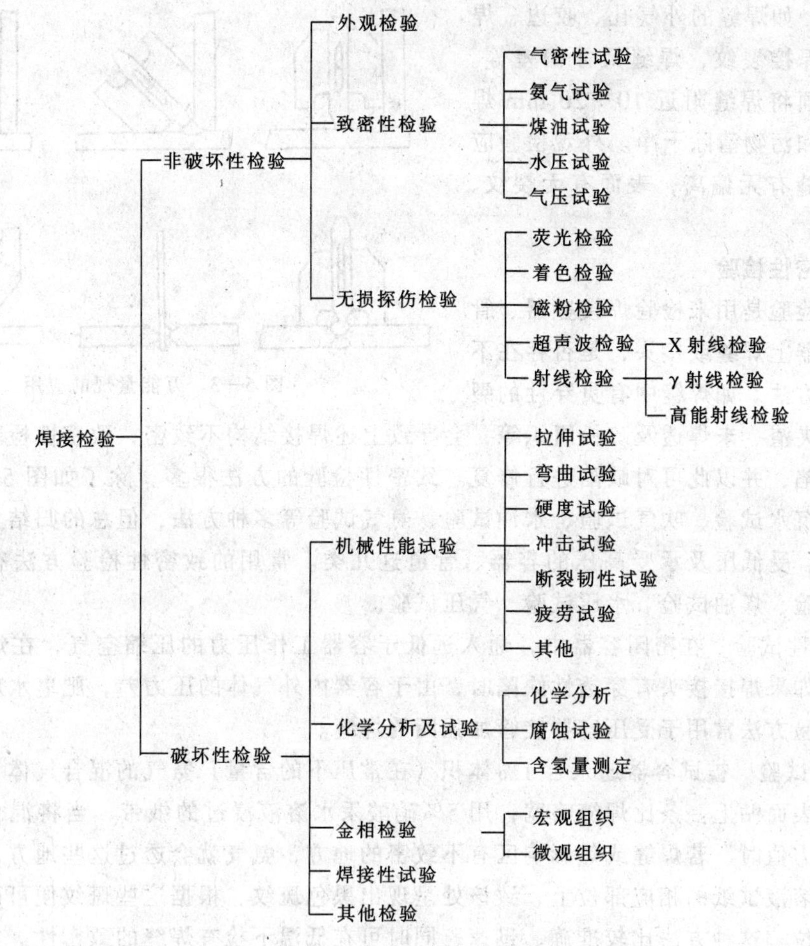

图 5—1　焊缝检验方法的分类

§5—1　非破坏性检验

非破坏性检验，是指在不损坏被检查材料或成品的性能、完整性的条件下，进行检测缺陷的方法。它包括外观检验、致密性检验和无损探伤检验。

一、外观检验

焊接接头的外观检验，是一种简便而又应用广泛的检验方法，是产品检验的一个重要内容。这种方法亦使用在焊接过程中，如厚壁焊件多层焊时，每焊完一层焊道时便用这种方法进行检查，防止前道焊层的缺陷被带到下一层焊道中去。

焊接接头的外观检验是以肉眼直接观察为主，一般可借助于标准样板（见图 5—2）、量规（见图 5—3），必要时利用低倍（5 倍）放大镜进行观察。外观检验的主要目的是为了发现焊接接头

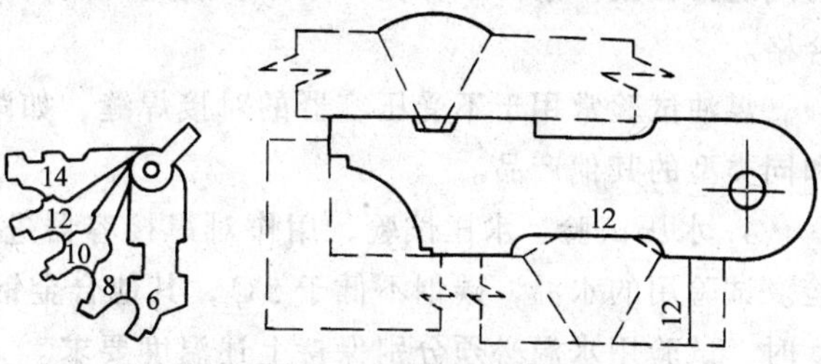

图 5—2　样板及其对焊缝的测量

的表面缺陷，如焊缝的外气孔、咬边、焊瘤、烧穿及焊接裂纹，焊缝尺寸偏差等。检验前，必须将焊缝附近 10～20 mm 焊件上的飞溅和污物清除干净。外观检验应特别注意焊缝有无偏离，表面有无裂纹、气孔等缺陷。

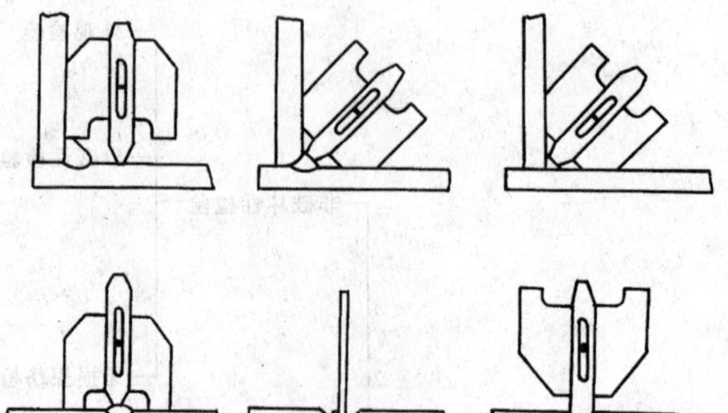

图 5—3　万能量规的应用

二、致密性检验

致密性检验是用来检验焊接盛器、管道、密闭容器上焊缝或接头，是否存在不致密缺陷的方法。如焊缝中有贯穿性的裂纹、气孔、夹渣、未焊透及疏松组织等，会导致上述焊接结构不致密，致密性检验就能及时发现这类缺陷，并以此可对缺陷进行修复。致密性检验的方法很多，除了如图 5—1 所示的以外，还有沉水试验、吹气试验、水冲试验、氨气试验等多种方法，但总的归结为用于检验基本不受压，受低压及承受高压的容器、管道这几类。常用的致密性检验方法有气密性试验、氨气试验、煤油试验、水压试验、气压试验。

1. 气密性试验　在密闭容器中，通入远低于容器工作压力的压缩空气，在焊缝外测涂上肥皂水，如果焊接接头有穿透性缺陷时，由于容器内外气体的压力差，肥皂水就有气泡出现。这种检验方法常用于受压容器接管加强圈的焊缝。

2. 氨气试验　被试容器通入含 1%体积（在常压下的含量）氨气的混合气体，并在容器的外壁焊缝表面贴上一条比焊缝略宽，用 5%硝酸汞水溶液浸过的纸带，当将混合气体加压至所需的压力值时，若焊缝或热影响区有不致密的地方，氨气就会透过这些地方，并作用在浸过硝酸汞溶液试纸的相应部位上，致该处呈现出黑色斑纹，根据这些斑纹便可确定焊接接头的缺陷部位。这种方法比较准确、迅速，同时可在低温下检查焊缝的致密性。氨气试验常用于某些管子或小型受压容器。

3. 煤油试验　在焊缝表面（包括热影响区部分）涂上石灰水溶液，待干燥后便呈一白色带状，再在焊缝的另一面仔细地涂上煤油。由于煤油的黏度和表面张力很小，渗透性很强，具有透过极小的贯穿性缺陷的能力，当焊缝及热影响区上存在贯穿性缺陷时，煤油能透过去，使涂有石灰水的一面显示出明显的油斑点或带条状油迹。由于时间一长，这些渗油痕迹会渐渐散开成为模糊的斑迹，故为了精确地确定缺陷的大小和位置，检查工作要在涂煤油后立即开始，发现油斑及时将缺陷标出。

煤油试验的持续时间与焊件板厚，缺陷大小及煤油量有关，一般为 15～20 min。试验时间通常在技术条件中标出，如果在规定时间内，焊缝表面未显现油斑，可评为焊缝致密性合格。

煤油试验常用于不受压容器的对接焊缝，如敞开的容器，储存石油、汽油的固定式储器和同类型的其他产品。

4. 水压试验　水压试验，用作对焊接容器进行整体致密性和强度检验，一般是超载检验。试验用的水温，碳钢不低于 5℃，其他合金钢不低于 15℃。若环境温度分别低于上述温度时，试验用水温必须分别保持上述温度要求。

试验时，将容器灌满水，彻底排尽空气，并用水压向容器内加压，如图 5—4 所示。试验压力的大小，视产品工作性质而定，一般为产品工作压力的1.25～1.5倍。在升压过程中，应按规定逐级上升，中间应作短暂停压，当水压达到试验压力最高值后，应持续停压一定时间，随后再将压力缓慢降至产品的工作压力，并沿焊缝边缘15～20 mm的地方，用0.4～0.5 kg的圆头小锤轻轻敲击，同时对焊缝仔细检查，当发现焊缝有水珠、细水流或有潮湿现象，表明该焊缝处不致密，应标注出来，待容器卸压后作返修处理，直至产品水压试验合格为止。

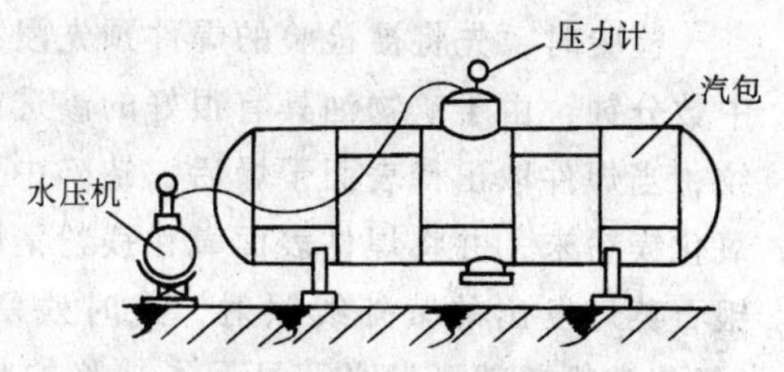

图5—4 锅炉汽包的水压试验

由于水压试验一般均在高压状态下进行，所以，受试产品一般应经消除应力热处理后，才能进行水压试验；试验所用的压力计，应经计量部门校核后才能使用，而且至少要有两只压力计同时使用，以免发生非正常爆破造成人身伤亡事故。必要时，可在受试容器上安置应变测试器材，以防在试验过程中出现超过材料屈服强度的危险状态。

水压试验主要用于高压容器的致密性检验。

5. 气压试验　气压试验和水压试验一样，检验在压力下工作的焊接容器和管道的焊缝致密性。气压试验比水压试验更为灵敏和迅速的试验，同时试验后的产品不须作排水处理。但是，气压试验的危险性比水压试验大。试验时，先将气压加至产品技术条件的规定值，然后关闭进气阀，停止加压，用肥皂水涂至焊缝上，检查焊缝是否漏气，并检查工作压力表数值是否有下降。如没有漏气或压力值下降，则该产品合格，否则应找出缺陷部位，待卸压后进行返修、补焊，直至再行检验合格后方能出厂。

由于气体须经较大的压缩比才能达到一定的高压，如果一定高压的气体突然降压，其体积将突然膨胀，其释放出来的能量是很大的。若这种情况出现在进行气压试验的容器上，实际上就是出现了非正常的爆破，后果是不堪设想的。因此，气压试验时必须遵守如下安全技术措施：

(1) 要在隔离场所进行试验，用厚度不小于3 mm的钢板，将被试验的产品三面或四面包围起来，才能进行试验。

(2) 当被试产品处在气体压力下时，不得敲击、振动和修补缺陷。

(3) 在输送压缩空气到产品的管道上时，要设置一个储气罐，以保证进气的稳定。在储气罐的气体出入口处，各装一个开关阀，并在输出端（即产品的输入口端）管道上安装安全阀、工作压力计和监视压力计。

(4) 产品内的压力值达到所需的试验数值时，输入压缩空气的管道必须关闭，停止加压。

(5) 在低温下进行试验时，要安装防止产品冻结的措施。

三、无损探伤检验

无损探伤检验是非破坏性检验的一种特殊检验方式，它利用渗透（荧光检验、着色检验）、磁粉、超声波、射线等方法，来发现焊缝表面的细微缺陷及存在于焊缝内部的缺陷，这类检验方法，已在重要的焊接结构中被广泛使用。

1. 荧光检验　荧光检验是发现焊件表面缺陷的一种方法，检验的对象是不锈钢、铜、铝及镁合金等非磁性材料。这个方法也可用来检验焊缝的致密性。它是利用浸透矿物油的氧化镁粉在紫外线的照射下，能发出黄绿色荧光的特性而进行检验。

检验时，先将被检验的焊件预先浸在煤油和矿物油的混合液中数分钟，由于矿物油具有很好的渗透能力，能渗进极细微的裂纹，当焊件取出待表面干燥后，缺陷中仍留有矿物油。此时撒上氧化镁粉末，并将焊件表面氧化镁粉清除干净。在暗室内，用水银石英灯发出的紫外线照射，这时残留在表面缺陷内的荧光粉（氧化镁粉）就会发光，显示了缺陷的状况。荧光检验示意图如图 5—5 所示。

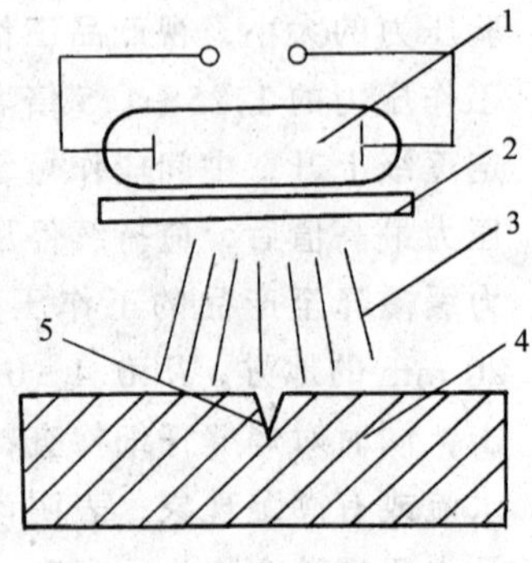

图 5—5　荧光检验
1—紫外线光源　2—滤光板
3—紫外线　4—被检验焊件
5—充满荧光物质的缺陷

2. 着色检验　着色检验的原理与荧光检验相似，不同处只是着色检验是用着色剂来取代荧光粉而显现缺陷。

检验时，将擦干净的焊件浸没在着色剂中，流动性和渗透性良好的着色剂，便渗入到焊缝表面的细微裂纹中，随后将焊件表面擦净并涂以显现粉，浸入裂纹的着色剂，遇到显现粉，便会显现出缺陷的位置和形状。

着色检验的灵敏度较荧光检验高，其灵敏度一般为 0.01 mm，深度不小于 0.03～0.04 mm。

3. 磁粉检验　磁粉检验，是用来探测焊缝表面细微裂纹的一种检验方法，是利用在强磁场中，铁磁性材料表层缺陷产生的漏磁场吸附磁粉的现象，而进行检验的一种方法。

检验时，首先将焊缝两侧局部充磁，焊缝中便有磁力线通过。对于断面尺寸相同，内部材料均匀的焊缝，磁力线的分布是均匀的。而对于断面形状不同或者内部（近表层）有气孔、夹渣、裂纹等存在的焊缝，则磁力线因各段磁阻不同而产生弯曲，磁力线将绕过磁阻较大的缺陷。如果缺陷位于焊缝表面或接近表面，则磁力线不仅在焊缝内部弯曲，而且将穿过焊缝表面形成漏磁，如图 5—6 所示。这时在焊缝表面撒上细小的针状铁粉，由于缺陷处漏磁的作用，铁粉就会被吸附在缺陷上。此时可根据被吸附铁粉的形状、多少、厚薄程度来判断缺陷的大小和位置。缺陷的显露和缺陷与磁力线的相对位置有关，如果缺陷与磁力线相平行时则显露不出来，而与磁力线相垂直的缺陷，则最易显露。所以显露横向缺陷时，应使焊缝充磁后产生的磁力线是沿焊缝的轴向（纵向）的；显露纵向缺陷时，应使焊缝充磁后产生的磁力线与焊缝垂直。因此，在实际进行磁粉检验时，为测出焊缝中纵向与横向缺陷，必须对焊缝作交替的纵向充磁和横向充磁，如图 5—7 所示。

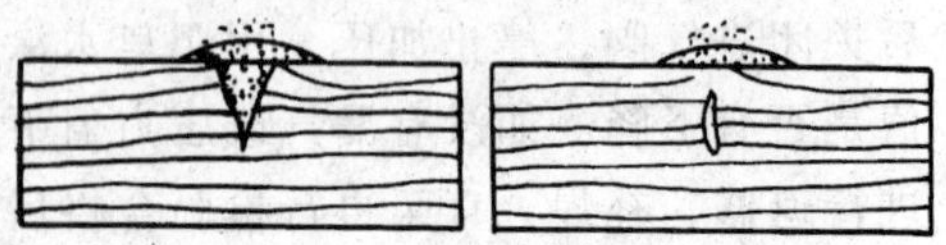
图 5—6　焊缝中有缺陷时产生漏磁的情况

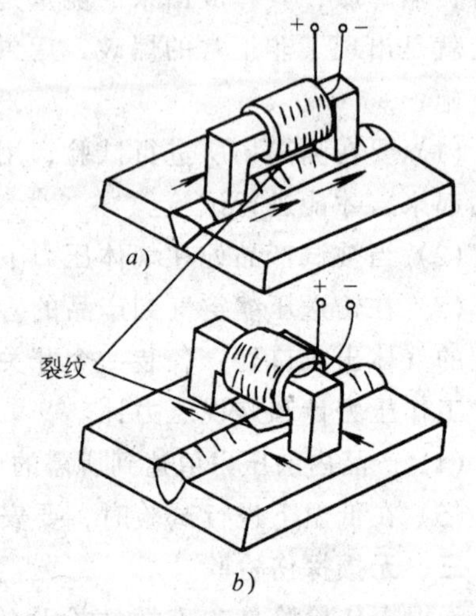

图 5—7　磁粉检验时焊缝缺陷的显露
a）纵向充磁　b）横向充磁

磁粉检验适用于薄壁件或焊缝表面裂纹的检验，也能显露出一定深度和大小的未焊透，但难于发现气孔和夹渣，及隐藏在深处的缺陷。磁粉检验有干法和湿法两种，干法则是当焊缝充磁后，在焊缝处撒上干燥的铁粉；湿法则是在充磁的焊缝表面涂上铁粉的混浊液。

4. 超声波检验　超声波检验可探测大厚度焊件焊缝内部缺陷，是利用超声波（即频率超过 20 000 Hz，人耳听不见的高频率声波）在金属内部直线传播，当遇到两种介质的界面时，发生反射和折射的原理，来检验焊缝中缺陷。

检验时，超声波由工作表面传入，并在工件内部传播。超声波在遇到工作表面、内部缺陷和工件的底面时，均会反射回到探头，由探头将超声波转变成电讯号，并在示波管荧光屏上出现三个脉冲讯号：始脉冲（工件表面反射波讯号）、缺陷脉冲、底脉冲（工件底面反射波讯号），如图 5—8*a* 所示。由缺陷脉冲与始脉冲及底脉冲间的距离，可知缺陷的深度，并由缺陷脉冲讯号的高度可确定缺陷的大小。图 5—8*b* 是用斜探头探伤的原理图，由于其工件底面反射波讯号无法再反射回到探头上，故在示波管荧光屏上只显示出始脉冲和缺陷脉冲。

超声波检验的灵敏度高，操作灵活方便，但对缺陷性质的辨别能力差，且没有直观性。检验时要求工件表面平滑光洁，并需涂上一层牛油为媒介。由于焊缝表面不平，不能用直探头来探测内部缺陷，故一般采用如图 5—8*b* 所示的斜探头探伤方法，在焊缝两侧磨光面上对焊缝内部进行检验。

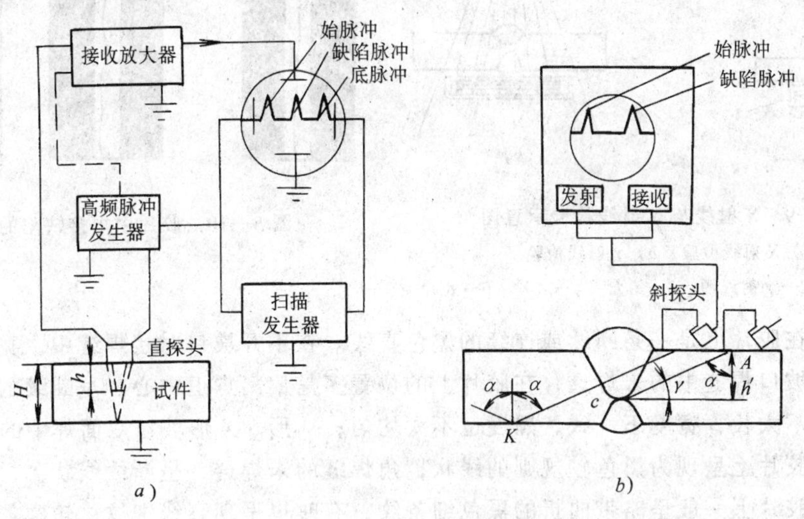

图 5—8　高频脉冲式超声波检验

a）直探头探伤原理　*b*）斜探头探伤原理

5. 射线检验　射线检验，是检验焊缝内部缺陷准确而又可靠的方法之一，它可以显示出缺陷在焊缝内部的形状、位置和大小。

(1) 射线检验的原理。是利用 X 射线和 γ 射线及其他高能射线，能程度不同地透过不透明物体和使照相底片感光的性能，来进行焊接检验。另外，由于射线通过不同物质的时候，能不同程度地被吸收掉，如金属密度越大，厚度越大，射线被吸收的就越多。因此，当射线被用来检验焊缝时，在缺陷处和无缺陷处被吸收的程度不同，使得射线透过接头后，射线强度的衰减有明显的差异。这样，射线作用在胶片上，使胶片上相应部位的感光程度也不一样。由于缺陷吸收的射线小于金属材料所吸收的射线，所以，通过缺陷处的射线对胶片感光较强，冲洗后的底片，在缺陷处颜色较深，无缺陷处则底片感光较弱，冲洗后颜色较淡。通过对底片上影像的观察、分析，便能发现焊缝内有无缺陷及缺陷的种类、大小与分布。图

5—9 为 X 射线与 γ 射线检验的示意图。

焊缝在进行射线检验之前，必须进行表面检查，表面上存在的不规则程度，应不妨碍对底片上缺陷的辨认，否则事先应加以整修。

(2) 射线检验时对缺陷的识别。用 X 射线和 γ 射对对焊缝进行检验，一般只应用在重要结构上。这种检验由专业人员进行，但作为焊工应具备一定的评定焊缝透视底片的知识，能够正确判定缺陷的种类和部位，对做好返修工作是有利的。

经射线照射后，在胶片上一条淡色影像即是焊缝，在焊缝部位中显示的深色条纹或斑点就是焊接缺陷，其尺寸、形状与焊缝内部实际存在的缺陷相当。图 5—10 所示即为几种常见焊接缺陷在胶片中显示的形式。

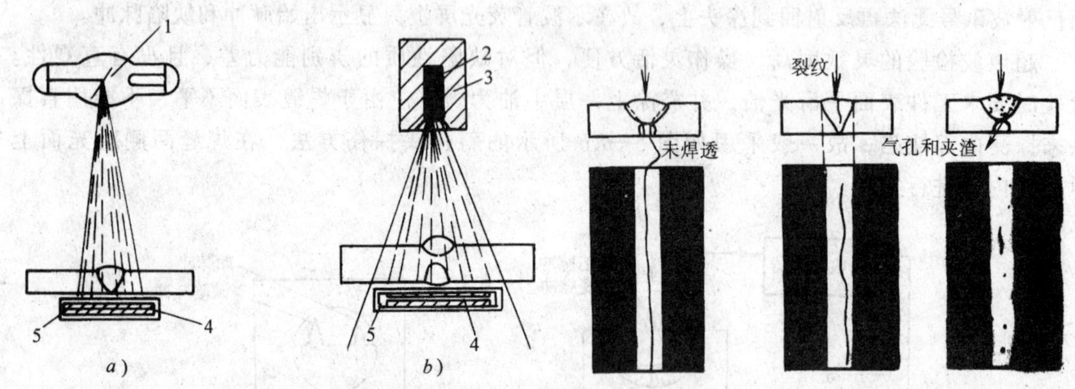

图 5—9 X 射线与 γ 射线检验示意图

a）X 射线检验 b）γ 射线检验

1—X 射线管 2—γ 射线源 3—铅盒 4—底片 5—底片夹

图 5—10 胶片中焊接缺陷的显示

未焊透在胶片上是一条断续或连续的黑色直线。在不开坡口对接焊缝中，宽度常是较均匀的；V 形坡口焊缝中的未焊透，在胶片上的位置多是偏离焊道中心，呈断续的线状，即使是连续的也不太长，宽度不一致，黑度也不太均匀；V 形、X 形坡口双面焊中的底部或中部未焊透，在胶片上呈现为黑色较规则的线状；角焊缝的未焊透，呈断续线状。

裂纹在胶片上一般呈略带曲折的黑色细条纹，有时也呈现直线细纹；轮廓较为分明，两端较为尖细，中部稍宽，有分枝的现象较少；两端黑度逐渐变浅，最后消失。

气孔在胶片上多呈现为圆形或椭圆形黑点，其黑度一般是中心处较大，而均匀地向边缘减小；分布不一致，有密集的，也有单个的。

夹渣在胶片上呈现为不同形状的点或条状。点状夹渣呈单独黑点，黑度均匀，外形不太规则，带有棱角；条状夹渣呈宽而短的粗线条状；长条状夹渣的线条较宽，但宽度不一致。

射线检验评定焊缝的质量，可按国家标准 GB3323—87 标准的规定进行。按此标准，焊缝质量分为四级：一级焊缝内不应有裂纹、未熔合、未焊透、条状夹渣；二级焊缝内不应有裂纹、未熔合、未焊透；三级焊缝内不应有裂缝、未熔合及双面焊和加垫板的单面焊中的未焊透，不加垫板的单面焊中的未焊透允许长度与条状夹渣三级评定长度相同。焊缝缺陷超过三级者为四级。在标准中，对各级焊缝允许存在的气孔（包括点状夹渣），按焊件板厚规定了点数及直径；对允许存在的条状夹渣的二、三、四级焊缝，规定了单个条状夹渣的长度、间距及夹渣的总长。产品应达到的射线检验等级，根据产品设计要求而定。

表 5—1 为几种无损伤检验方法的比较。

表 5—1　　几种无损探伤检验方法的比较

检验方法	能探出的缺陷	可检验的厚度	灵敏度	判断方法	注
着色检验	贯穿表面的缺陷（如微细裂纹、气孔等）	表面	缺陷宽度小于 0.01 mm，深度小于 0.03～0.04 mm 者检查不出	直接根据着色溶液（渗透液）在吸附显影剂上的分布，确定缺陷位置。缺陷深度不能确定	焊接接头表面一般不需加工，有时需打磨加工
荧光检验					
磁粉检验	表面及近表面的缺陷（如细微裂纹、未焊透、气孔等）被检验表面最好与磁场正交	表面及近表面	比荧光法高；与磁场强度大小及磁粉质量有关	直接根据磁粉分布情况判定缺陷位置。缺陷深度不能确定	(1) 同上 (2) 限于母材及焊缝金属均为磁性材料
超声波检验	内部缺陷（裂纹、未焊透、气孔及夹渣）	焊件厚度上限几乎不受限制，下限一般为 8～10 mm	能探出直径大于 1 mm 以上的气孔、夹渣。探裂纹较灵敏。探表面及近表面的缺陷较不灵敏	根据荧光屏上讯号的指示，可判断有无缺陷及其位置和其大致的大小。判断缺陷的种类较难	检验部位的表面需加 IR_a12.5～3.2，可以单面探测
X 射线检验	内部裂纹、气孔、未焊透、夹渣等缺陷	50 kV 0.1～0.6 mm 100 kV 1.0～5.0 mm 150 kV ≤25 mm 250 kV ≤60 mm	能检验出尺寸大于焊缝厚度 1%～2%的缺陷	从照相底片上能直接判断缺陷种类、大小和分布；对裂纹不如超声波灵敏度高	焊接接头表面不需加工；正反两个面都必须是可接近的（如无金属飞溅粘连及明显的不平整）
γ 射线检验		镭 60～150 mm 钴 60 同上 铱 192　1.0～65 mm	较 X 射线低，一般约为焊缝厚度的 3%		

§5—2　破坏性检验

破坏性检验是从焊件或试件上切取试样，或以产品（或模拟体）的整体破坏做试验，以检查其各种力学性能、抗腐蚀性能等的检验方法。它包括力学性能试验、化学分析、腐蚀试验、金相检验、焊接性试验等。

一、力学性能试验

力学性能试验用于对焊接接头的检验，一般是指对焊接试样板进行拉伸、弯曲、冲击、硬度和疲劳等试验。焊接试样板的材料、坡口形式、焊接工艺等均同于产品的实际情况。从试样板上截取试样的位置如图 5—11 所示。

1. 拉伸试验　是为了测定焊接接头或焊缝金属的抗拉强度、屈服强度、伸长率和断面收缩率等力学性能指标。在拉伸试验时，还可以发现试样断口中的某些焊接缺陷。拉伸试样一般有板状试样、圆形试样和整管试样三种，如图 5—12 所示。

拉伸试验除了检验焊接接头（包括焊缝金属、熔合区和热影响区等）及焊件的强度和塑性之外，有些技术标准要求测定焊缝金属的伸长率，以鉴定焊接材料的性能，还需作熔敷金属的拉伸试验。另外，可以通过高温短时拉伸试验，来测定耐热钢焊接接头在高温条件下的瞬时强度和塑性指标；为了了解长期在高温下工作的耐热钢焊接接头的性能，需进行高温持久强度试验。

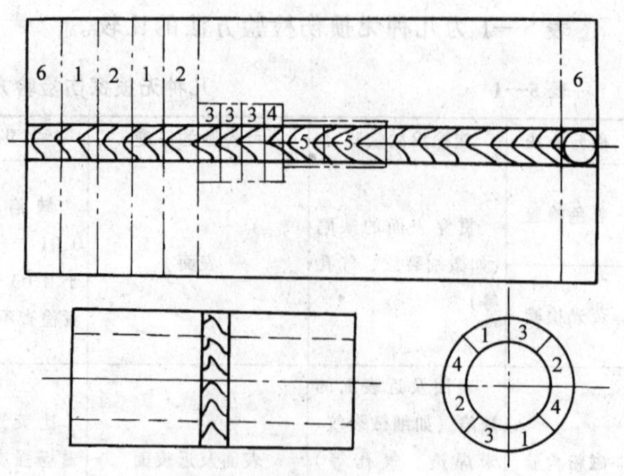

图 5—11　焊接试样的截取位置

1—拉伸　2—弯曲　3—冲击　4—硬度　5—拉伸　6—舍弃

2. 弯曲试验　弯曲试验也叫冷弯试验，是测定焊接接头弯曲时塑性的一种试验方法，也是检验表面质量的一个方法。它是以一定形状和尺寸的试样，在室温条件下，被弯曲到出现第一条大于规定尺寸裂纹时的弯曲角度作为评定标准。冷弯试验还可反映焊接接头各区域的塑性差别；考核熔合区的熔合质量和暴露焊接缺陷。弯曲试验分正弯、背弯和侧弯三种，可根据产品技术条件选定。背弯易于发现焊缝根部缺陷，侧弯能检验焊层与焊件之间的结合强度。

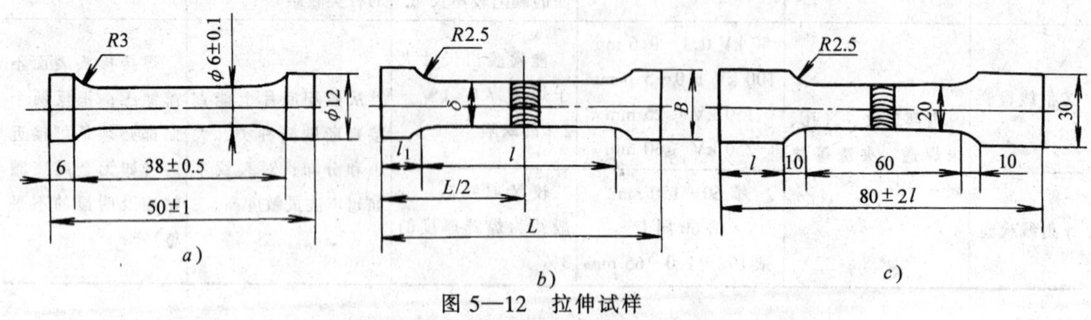

图 5—12　拉伸试样

a) 焊缝金属的拉伸试样　b) 焊接接头的板状试样　c) 管子拉伸试样

冷弯角一般以 90°或 180°为标准，再检查有无裂纹。当试样达到规定角度后，拉伸面上出现长度不超过 3 mm，宽度不超过 1.5 mm 的裂纹为合格。弯曲试验的示意图如图 5—13 所示。

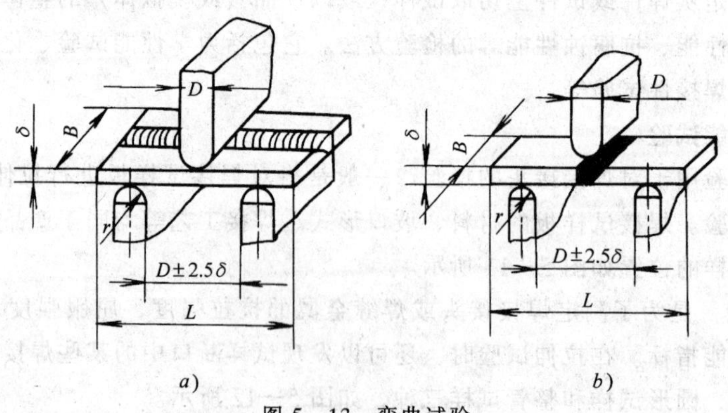

图 5—13　弯曲试验

a) 焊缝纵向弯曲　b) 焊缝横向弯曲

D：弯曲直径　$r=\delta$ 但不大于 25 mm

3. 硬度试验　是为了测定焊接接头各个部分（焊缝金属、焊件及热影响区等）的硬度，以便了解区域偏析和近缝区的淬硬倾向。常见的硬度为布氏硬度（HB）和洛氏硬度（HR）。

4. 冲击试验　即冲击韧性试验，是用来测定焊缝金属或焊件焊接热影响区在受冲击载荷时，抵抗折断的能力（韧性），及脆性转变的温度。冲击试验通常是在一定温度下（例如0℃、－20℃、－40℃等），把有缺口的冲击试样放在试验机上测定。试样缺口部位可以开在焊缝上，也可以开在热影响区上，这与试验要求有关。图 15—14 为焊接接头的冲击试样。

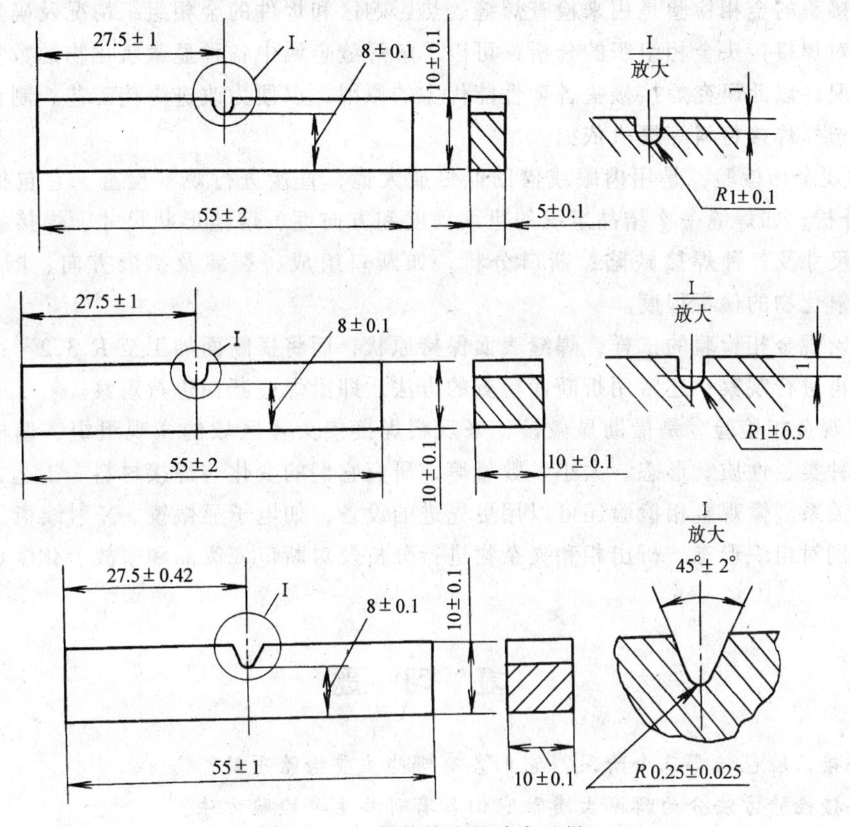

图 5—14　焊接接头的冲击试样

5. 断裂韧性试验　是用有裂纹的试样，来测定材料抵抗裂纹开裂和扩展能力的一种试验方法。

6. 疲劳试验　是用来测定焊接接头在交变载荷作用下的强度，常以在一定交变载荷作用下断裂时的应力 σ_{-1} 和循环次数 N 表示。疲劳强度试验根据受力不同，可分为拉压疲劳、弯曲疲劳和冲击疲劳试验等。

二、化学分析及腐蚀试验

1. 化学分析　焊缝的化学分析是检查焊缝金属的化学成分，化学分析的试样从焊缝金属或堆焊层上取得。一般常规分析需试样 50～60 g。经常被分析的元素有碳、锰、硅、硫和磷等。对一些合金钢或不锈钢中含的镍、铬、钛、钒、铜作分析，需要多取一些试样。

2. 腐蚀试验　焊缝和焊接接头的腐蚀破坏形式：总体腐蚀、晶间腐蚀、刀状腐蚀、点腐蚀、应力腐蚀、海水腐蚀、气体腐蚀和腐蚀疲劳等。腐蚀试验的目的在于确定在给定的条件下，金属抗腐蚀的能力，估计产品的使用寿命，分析腐蚀的原因，找出防止或延缓腐蚀的方法。

腐蚀试验的方法，是根据产品对耐腐蚀性能的要求而定。常用的方法有不锈钢晶间腐蚀试验、应力腐蚀试验、腐蚀疲劳试验、大气腐蚀试验、高温腐蚀试验。不锈耐酸钢晶间腐蚀倾向试验方法已纳入国家标准，可用于检验奥氏体型和奥氏体——铁素体型不锈钢的晶间腐蚀倾向。

三、金相检验

焊接接头的金相检验是用来检查焊缝、热影响区和焊件的金相组织情况及确定内部缺陷等。通过对焊接接头金相组织的分析，可以了解焊缝金属中各种显微氧化物的数量、晶粒度及组织状况，以此研究焊接接头各项性能优劣的原因，以便为改进焊接工艺、制订热处理工艺参数、选择焊接材料等提供依据。

1. 宏观金相检验　是用肉眼或借助低倍放大镜，直接进行观察检查。它包括宏观组织（粗晶）分析，如焊缝一次结晶组织的粗细程度和方向性、熔池形状尺寸、焊接接头各区域的界限和尺寸及各种焊接缺陷；断口分析，如断口组成、裂源及扩展方向、断裂性质等；硫、磷和氧化物的偏析程度。

通常宏观金相检验的试样，焊缝表面保持原状，而将横断面加工至 $R_a3.2\sim1.6\ \mu m$，经过腐蚀后再进行观察；还常用折断面检查的方法，即沿焊缝断面进行观察。

2. 微观金相检验　是借助显微镜，来观察焊接接头各区域的微观组织、偏析、缺陷及析出相的种类、性质、形态、大小、数量等，研究它们的变化与焊接材料、工艺方法和工艺参数等的关系。微观金相检验还可以用更先进的设备，如电子显微镜、X 射线衍射仪、电子探针等分别对组织形态、析出相和夹杂物进行分析及对断口、废品和事故、化学成分等进行分析。

复　习　题

1. 焊接检验包括哪三个阶段？它们各有哪些主要检验项目？

2. 焊接检验方法分为哪两大类？它们各有哪些主要检验方法？

3. 致密性检验方法有哪些？如何进行煤油、水压、气压试验？试验时应注意哪些事项？

4. 荧光检验和着色检验在用途和原理方面有哪些相同和不同之处？

5. 磁粉检验的原理和用途是什么？

6. 超声波检验的原理和用途是什么？焊缝检验时应采用什么探头？

7. 射线检验的原理是什么？按国家标准 GB3323—87 规定，射线检验评定焊缝质量分为几级？各级中不应有什么缺陷？

8. 力学性能试验中主要试验方法的种类及目的是什么？

9. 化学分析和腐蚀试验的目的是什么？

10. 金相检验的两种检验方法在操作方法和检验目的方面有什么不同？

第六章　典型结构件的焊接和焊接质量控制

§6—1　典型结构件的焊接

一、钢架的焊接

一般钢架的焊接应先焊腹杆与节点板之间的焊缝，然后再焊上、下弦与点节板之间的焊缝，焊接次序不应集中，而应在带节点间间隔地跳开焊接，如图 14—1*a* 所示。

节点板与杆件之间的横向缝不焊（见图 6—1*b*）。

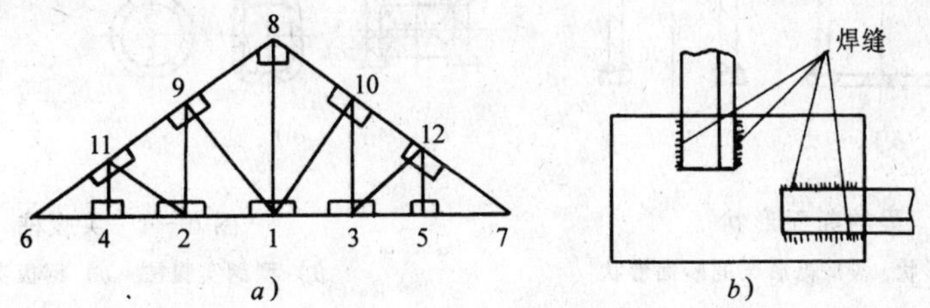

图 6—1　钢架的焊接

a）钢架的焊接顺序　*b*）节点板上的焊缝

二、梁和柱的焊接

工作时承受弯曲的杆件称为梁，承受压缩的杆件称为柱。常见的焊接梁、柱的外形和断面形状如图 6—2、图 6—3、图 6—4 所示。

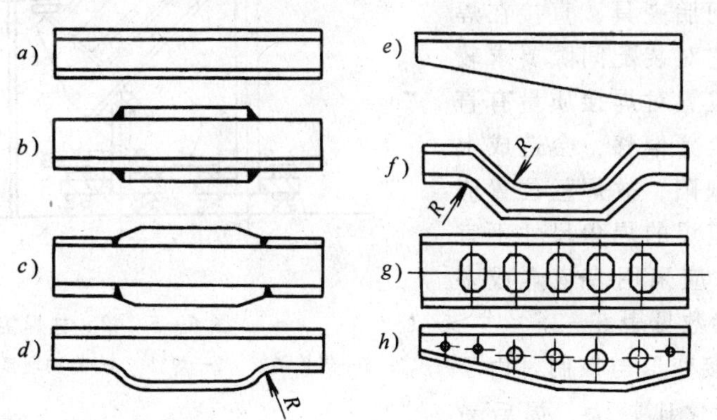

图 6—2　梁的外形

a）等断面梁　*b*）多翼板梁　*c*）不等厚翼板梁　*d*）鱼腹梁

e）悬臂梁　*f*）曲形梁　*g*）、*h*）空腹梁

1. 焊接技术　梁、柱的焊缝形式，主要是角焊缝和部分对接焊缝，梁、柱的短焊缝采用手工电弧焊焊接，而较长的角焊缝宜采用自动埋弧焊。

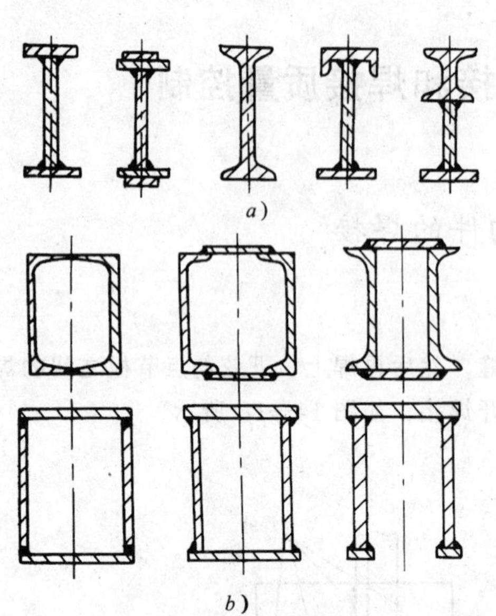

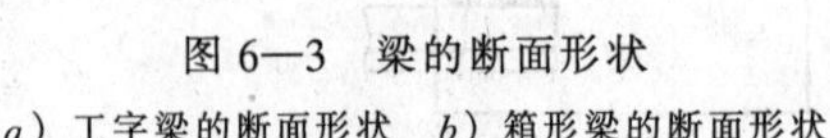

图 6—3　梁的断面形状

a）工字梁的断面形状　b）箱形梁的断面形状

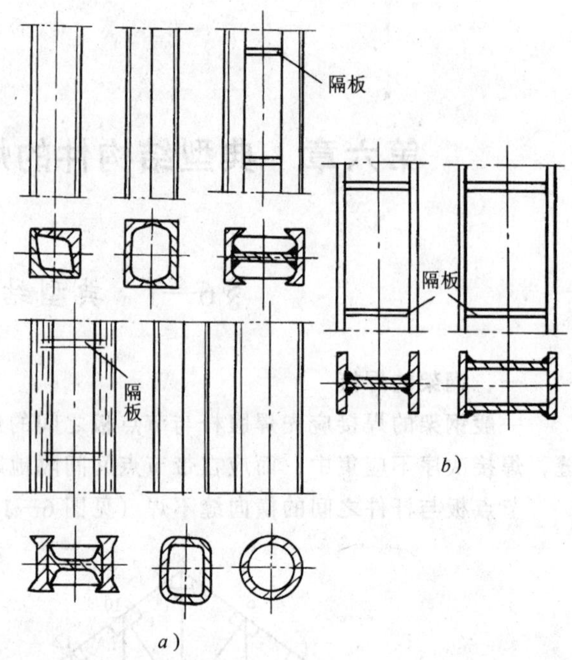

图 6—4　实腹柱

a）型钢实腹柱　b）钢板实腹柱

通常梁、柱的自动埋弧焊有两种方式：一种是采用自动焊小车和梁、柱的焊接斜架进行焊接，如图 6—5 所示，焊缝处于船形位置。船形焊的焊缝有效厚度对称，焊缝成形好，但对装配质量要求较高，间隙不宜大于 1~1.5 mm 焊接时要不使焊丝偏离焊缝，其焊接工艺参数见表 6—1。另一种是不采用任何胎夹具，直接在焊件上进行平角焊，它对装配间隙要求较低，但焊丝的倾斜位置对焊接质量有直接影响，如果焊丝位置偏移，会造成上板咬边或未熔合等缺陷，故焊丝位置应严加控制。另外单道焊的焊角尺寸不宜超过 8 mm，超过时应采用多道焊或多层多道焊。其工艺参数见表 6—2。

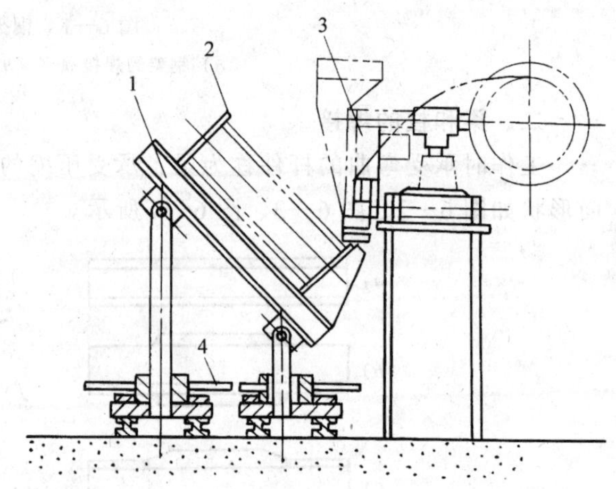

图 6—5　梁、柱焊接斜架

1—焊接斜架　2—焊件　3—自动埋弧焊件　4—调节手轮

2. 梁、柱的焊接变形与控制　由于梁、柱的长度与高度之比较大，焊后易产生弯曲变形，当焊接顺序不正确时，还会产生扭曲变形，因此焊接变形是制造梁、柱的主要工艺问题。

控制梁、柱的焊接变形有下列几种方法：

(1) 减小焊缝尺寸。焊缝尺寸直接影响焊接变形的大小，焊缝尺寸大，焊接变形也大。因此，在保证承载能力的前提下，应该采用较小的焊缝尺寸。例如梁的肋板和腹板之间的角

表 6—1　　自动埋弧焊（船形）焊接工艺参数

焊角尺寸（mm）	焊丝直径（mm）	焊接电流（A）	电弧电压（V）	焊接速度（m/h）
6	2	450～475	34～36	40
8	3	550～600	34～36	30
8	4	575～625	34～36	30
10	3	600～650	34～36	23
10	4	650～700	34～36	23
12	3	600～650	34～36	15
12	4	725～775	36～38	20
12	5	775～825	36～38	18

表 6—2　　自动埋弧焊（横角焊）的工艺参数

焊角尺寸（mm）	焊丝直径（mm）	焊接电流（A）	电弧电压（V）	焊接速度（m/h）
3	2	200～220	25～28	60
4	2	280～300	28～30	55
4	3	350	28～30	55
5	2	375～400	30～32	55
5	3	450	28～30	55
7	2	375～400	30～32	28
7	3	500	30～32	48

焊缝，并不承受很大的应力，因此没必要采取大尺寸的焊缝，一般可按板的厚度，选取工艺上可能的最小焊缝尺寸，不同厚度低碳钢板最小角焊缝尺寸见表 6—3。

表 6—3　　不同厚度低碳钢板的最小角焊缝尺寸　　mm

板　厚	≤6	7～18	19～30	31～50	51～100
最小焊角尺寸	3	4	6	8	10

注：①表中板厚是指两焊件中较厚者；

②低合金钢由于对冷却速度敏感，在同样厚度条件下，最小焊角尺寸应比表中数值稍大些。

对于受力较大的 T 形接头和十字形接头，在保证相同承载能力的条件下，采用开坡口的焊缝可比一般角焊缝减少焊缝金属，如图 6—6 所示，这对减小变形有利。

（2）采用正确的焊接方向。焊接方向对焊接变形有很大的影响，同样一道焊缝可以从一端向另一端进行直通焊，也可以从中间向两头焊接。不同方向的焊接会引起不同的变形。图 6—7 所示是一台桥式起重机的主梁上盖板与大小隔板的焊接，如果采取朝同一方向的直通焊接，由于每道焊缝都是始焊端的横向收缩略大于终焊端，结果上盖板出现终焊端向外凸出的旁弯变形（如图中虚线所示）。若轮流改变每条焊缝的焊接方向，旁弯变形就能克服。

（3）采用正确的装焊顺序。梁、柱的装焊顺序对焊接变形影响很大，选择装焊顺序时要

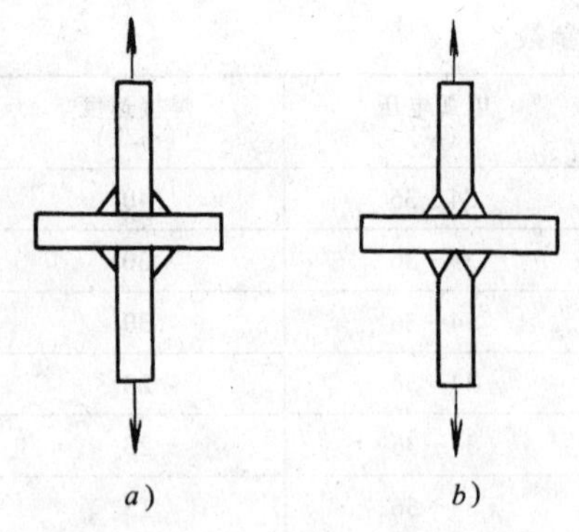

图 6—6　相同承载能力的十字形接头

a）不开坡口　b）开坡口

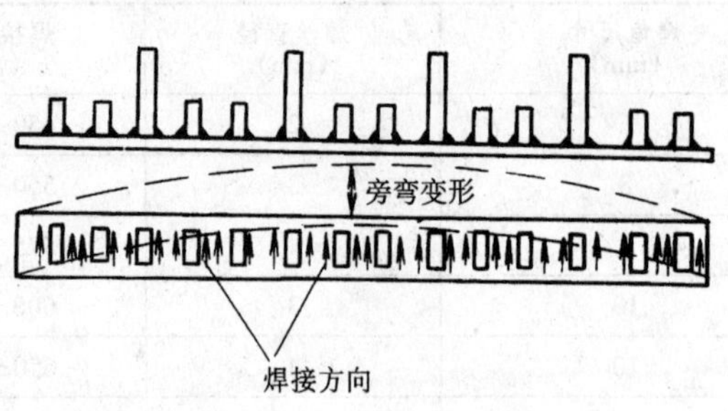

图 6—7　桥式起重机主梁上盖板与大小隔板的焊接

考虑以下几点：

1）对于截面对称、焊缝布置也对称的简单梁、柱，尽可能采用先装配成整体然后再焊接的顺序生产。

2）对于截面不对称或焊缝分布不对称的梁、柱，尽可能先装焊影响整体弯曲变形小的部分，然后再组装成整体进行焊接。

3）在确定装焊顺序时，不但要考虑到焊接变形，同时也要考虑到可焊到性。

(4) 采用合理的焊接顺序。焊接梁、柱时，在同样的焊接工艺参数情况下，每道焊缝所引起的变形并非相同，先焊的焊缝引起的变形较大，后焊的焊缝比先焊焊缝变形要小些（是由于结构的刚性增大），对于每一条焊缝的直通焊的变形要大于分段焊法。所以除有正确的装焊顺序外还需要有合理的焊接顺序相配合：

1）对称布置的焊缝应采用对称焊。

2）不对称布置的焊缝应先焊焊缝少的一侧。

3）对于长直焊缝，尽可能采用分段退焊法、跳焊法、分中对称焊法等。

(5) 采用刚性固定法。刚性固定法对减少梁、柱的焊接变形很有效，且焊接时不必过分考虑焊接顺序。缺点是大的梁、柱不易固定。图 6—8 所示为工字形梁的刚性固定。

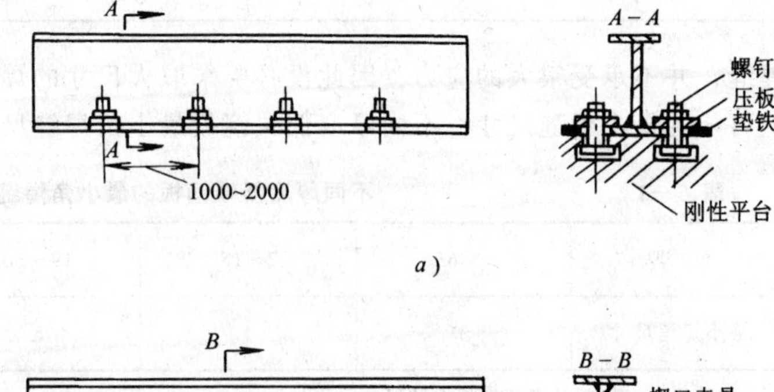

图 6—8　工字形梁的刚性固定

(6) 采用反变形法。利用结构件焊前的预制反变形，来克服梁、柱的焊接角变形和弯曲变形效果也较好，在预制反变形时，要充分地考虑焊件焊后的变形量，应使预制的反变形与焊后变形相抵消。预制反变形的方法：有弹性反变形法和塑性反变形法。

§6—2 焊接质量控制

焊接生产的整个过程包括原材料、坡口准备、装配、焊接和焊后热处理等工序。因此，焊接质量保证不仅仅是焊接施工的自身质量管理，而且与焊接之前的各道工序的质量控制有密切的联系，所以，焊接施工的质量控制应该是一项全过程质量控制和焊接后最终质量检验等三个阶段。

其中焊接前质量控制和焊接施工过程质量控制是保证最终焊接质量、预防废品和返工的保证条件，是整个焊接质量控制过程的不可忽视的重要组成部分。

焊接质量控制的目标是以保证焊接产品的最终性能为目的，从而达到降低生产成本和提高产品质量的效果。

焊接质量控制应该实行焊工、焊接工段长和专职焊接检查工的三级质量控制的管理责任制，具体分工如图 6—9 所示。

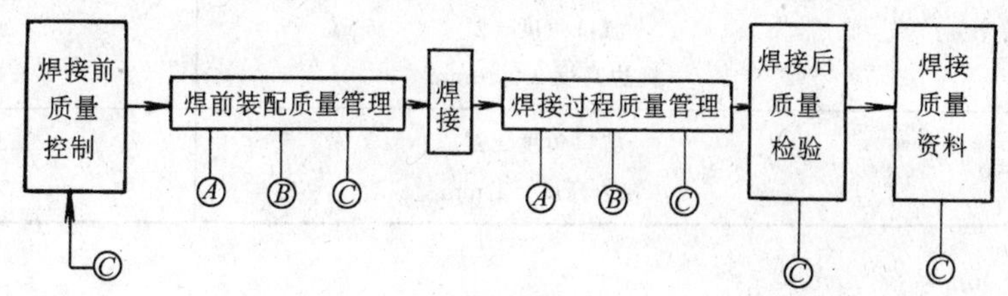

图 6—9　焊接质量控制职能

A—装配工或焊工自检　B—工段长巡回互检　C—专职检查工检验

焊工应对违反焊接工艺规程及操作不当的质量事故承担责任，焊接检查工则应对漏检或误检造成的质量事故承担责任。

一、焊接前质量控制

焊接前质量控制的目的，是预防焊接质量事故出现的可能性，是保证焊接质量的积极的有效管理。其控制项目为：

1. 母材质量确认

(1) 核对和确认母材牌号及规格是否符合图样及技术文件所规定的材质和规格。它是焊接前质量控制的一个重要质量控制点。如果发现母材材质和规格与图样、技术文件规定不一致时，应检查是否办理了材料代用或更改的手续凭证。

(2) 核查钢厂提供的质量证明书或工厂材质复验单，至少应包括：材料的牌号、规格和尺寸、炉批号、检验编号、数量、重量、供货状态、力学性能、化学成分和其他特殊要求的内容。

(3) 核查工件材质的表面质量和移植钢印标记的正确性和齐全性。材料表面不应有裂纹、分层及超出标准允许的凹坑和划伤等缺陷。钢印标记至少应包括产品编写、入厂检验编号、材料牌号和规格等项目，并有检查工见证的确认标记。

2. 焊接材料管理　焊前的焊接材料质量管理，重点控制二级库，即控制下列内容：

(1) 核查所发的焊接材料质量证明书或工厂对焊接材料复验合格证及试样编号。

(2) 监督检查焊接材料的储存和烘焙制度的执行。

(3) 检查发放的焊接材料表面质量、焊丝表面应经除锈处理（涂铜焊丝除外），必须无油污、铁锈。焊条药皮无开裂、脱落或霉变。

(4) 监督焊接材料的领用发放，核对领用发放焊接材料牌号和规格与焊接工艺规程是否一致。当发现不一致时，应查核是否办理焊接材料代用或焊接工艺规程更改凭证。

3. 焊接坡口制备质量检查　焊接坡口制备质量检查的依据是工厂建立的坡口尺寸、精度和表面质量标准。坡口质量包括平整度、直度、坡口角度等。坡口质量的好坏对焊接质量有直接影响，是焊接前质量控制的重要项目之一。具体应检查下列项目：

(1) 检查坡口的加工尺寸（坡口深度、角度、钝边高度等）和精度是否符合技术标准的规定。标准坡口的加工尺寸允许误差值见表 6—4。常用坡口测量器或样板等工具进行测量检查，如图 6—10 所示。

表 6—4　　坡口加工尺寸允许误差值

焊接方法	坡口加工尺寸允许误差值	
	标　准　值	极限值
埋弧焊	坡口角度 ±2° 钝边高度 ±0.5 mm	±5° ±1 mm
手工电弧焊	坡口角度 ±2° 钝边高度 ±1 mm	±5° ±2 mm

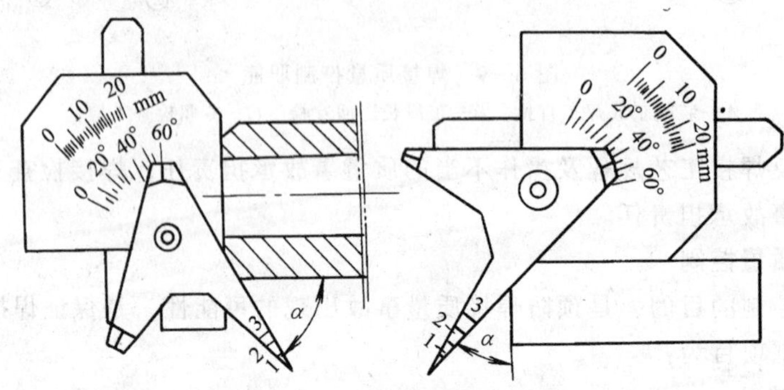

图 6—10　坡口测量器测量坡口

(2) 检查坡口表面粗糙度及表面缺陷（气割缺口、裂纹、分层和夹渣）。如果有超出标准允容范围的缺陷，应提出进行修整处理。如坡口表面粗糙度未达标准，可采用砂轮修磨。因加工不良引起的缺口，允许用砂轮修磨，必要时可经焊补后再修整。

(3) 检查坡口表面清理质量。坡口面及坡口角度每侧至少 20 mm 范围内应清理干净，电渣焊为 40～50 mm。坡口面及清理区域不得留有毛刺、挂渣、铁锈、油污、氧化膜、油漆等杂质。

(4) 坡口面的无损探伤检查，对于 σ_s > 400 MPa 或 Cr—Mo 类钢材，图样和焊接工艺文件规定对坡口面进行磁粉探伤或渗透探伤的材料，如发现裂纹和分层等缺陷，应予以清除。

4. 装配和定位焊质量检查　装配和定位焊质量是保证焊接质量的重要准备工序，因此，焊前必须对装配和定位焊的质量进行认真检查。

(1) 检查装配几何形状和尺寸是否符合图样规定。

(2) 检查焊缝位置和分布是否符合图样、工艺文件和技术标准的规定。

(3) 复核和检查装配件的材质，必要时可采用光谱分析方法，对材质作定性核对。

(4) 检查定位焊和装配与所用焊接材料、预热温度和焊工技能资格，及定位焊缝质量和尺寸是否达到标准规定。定位焊缝中不允许有裂纹、气孔和夹渣等焊接缺陷。若发现有缺陷应予以清除。

(5) 用坡口测量器或样板测量检查组装坡口的形状、尺寸、间隙和对口错边量是否符合技术标准（见图 6—11）。

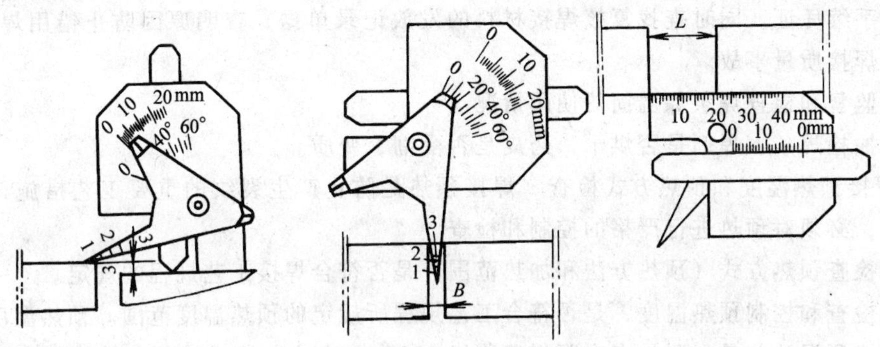

图 6—11　装配间隙和对口错边量检查

5. 焊工技能资格管理　焊工的技能水平，是保证焊接质量的决定因素，从事重要产品焊接施工的焊工，必须经过专门培训、考试，并持有通过焊工考试的合格证。然而，因焊接产品的种类、规格、钢种的不同，焊工技能资格等级也不同，因此必须对焊工技能资格项目加以严格的管理。

(1) 核查和确认焊工技能资格，考试项目（焊接方法、母材钢号类别、试件类别和焊接材料）与所担任的焊接工作的一致性。

(2) 监督和控制焊工技能资格期限的有效性。

6. 焊接工艺规格经过评定合格的确认

(1) 确认焊接工艺规程是经过焊接工艺评定合格和有效的。

(2) 核查所使用的焊接工艺规程是否与所需进行的焊接工作一致性。

二、焊接施工过程的质量控制

焊接施工过程（包括焊接、后热和焊后热处理）的质量控制，是焊接质量管理的重要部分，其直接影响焊接质量。

在焊接施工过程中，焊接检查工通常采取巡回现场，对焊接施工过程进行监督和检查，其重点是监督焊工是否执行焊接工艺规程所规定的内容和要求，及焊接工艺纪律执行的情况。目的是预防和及时发现焊接质量问题。一般情况下应控制以下几个项目：

1. 焊接方法确认　依据焊接工艺规程，复核确认现场施焊过程所用的焊接方法，是否符合焊接工艺规程所规定的焊接方法。当发现焊接方法与规定不一致时，应查核是否办理焊接工艺更改手续凭证。

2. 检查焊接设备完好性和工装适用性

(1) 检查所用焊接设备（包括电源极性）和工装是否符合焊接工艺规程的规定。

(2) 检查焊接设备的电流表、电压表、气体流量计等仪表和仪器及工艺参数的调节装置是否定期检查。上述表、计、装置失灵时，不可进行焊接。

3. 复核焊接材料

(1) 在施焊过程中，应根据焊接工艺规程，复核使用的焊接材料牌号与规格是否正确。一般情况除通过焊接材料领用单复查外，还可根据焊接材料的牌号标记或外观固有特征（焊条的药皮和焊剂颜色）及焊缝外观特征加以判别。但应注意有时由于原材料配方不同，颜色略有差异。

如果发现焊接材料有疑问时，首先应查核焊接材料，是否办理焊接材料代用或焊接工艺规程更改手续凭证。同时查找复核焊接材料的发放记录单据，查明原因防止错用焊接材料，而造成的焊接质量事故。

(2) 监督和检查焊条保温筒的使用情况。

(3) 抽检焊条、焊剂是否烘干，药皮是否受潮、变质。

4. 焊接预热温度和预热方式检查　焊接预热是防止产生裂纹的重要工艺措施，焊接施工过程中，必须对预热进行严格的控制和检查。

(1) 检查预热方式（预热方法和加热范围）是否符合焊接工艺规程的规定。

(2) 检查和控制预热温度，是否符合工艺规程所规定的预热温度范围。预热温度可用变色测温笔或测温计测量，测量点应距焊缝边缘 100 mm 左右，当焊接复杂结构的大厚度工件时，测温范围可距焊缝边缘更大些。开始焊接时，焊接检查工应直接在工件上测量预热温度，以后在焊接过程中，可巡回现场随时抽查测量，当发现低于规定的最低温度时，应停止焊接，重新加热到规定的预热温度后再允许继续焊接。

5. 焊接环境监督　焊接环境包括施焊环境的温度、湿度和气候条件等因素。一般当焊接环境出现下列情况时，应采取措施后才能进行焊接。

环境温度低于0℃，相对湿度大于 90%，风速大于 10 m/s 或存在穿堂风、雨、雾、雪等气候的露天操作。

6. 监督焊工执行焊接工艺情况

(1) 核查焊工是否持有相应的焊接技能合格证，是否按照焊接规程进行施焊。

(2) 随时巡视焊接施工现场，监督和检查焊工执行焊接工艺规程正确与否。包括电源的种类及极性、焊接电流、电弧电压、焊接速度、层间温度、焊接顺序、焊接层数、层间清理、清根方法等。

7. 确认和检查产品焊接试板的设置和焊接　产品焊接试板，是模拟产品的制造工艺过程而焊制的试验板，从试板上切取试样并制成一定形状尺寸的理化试验试样。产品焊接试板在一定程度上反映出产品的焊接质量情况，因此必须严格控制和管理，其中包括：

(1) 检查试板的下料取向，焊接试板的下料取向应与产品焊缝的方向平行。

(2) 确认试板的钢印标记，试板应在规定位置上打钢印标记。包括产品编写、钢材牌号与规格、试板编号、检查工确认钢印及试板焊后焊工钢印代号等。

(3) 检查试板的数量、材质、规格及尺寸，试板数量应符合规定，试板材料规格和坡口形状，应与所代表的焊缝相同。

(4) 监督试板的装配与定位，纵缝焊接试板，应作为产品纵缝的延长部分与纵缝装配在一起。

(5) 监督焊接试板的焊接，纵缝焊接试板，应作为产品纵缝的延长部分同时焊接，环缝焊接试板可单独焊接。试板的焊接，应由焊接产品焊缝的焊工施焊，若产品焊缝由多名焊工完成时，则可由焊接检查工确定其中一名焊工施焊试板。监督试板焊接用的焊接材料、设备和工艺条件等与所代表的产品焊缝相同。

8. 监督焊接安全和劳动防护　包括焊工劳动保护、设备安全、人身安全、防火、防毒、防爆等措施的实施。

9. 焊后热处理的监督检查

三、焊接后最终质量检验

焊接后最终质量检验即成品检验，是焊接质量的最终检查，其内容应根据产品图样、技术标准和焊接工艺规程所确定的项目和方法进行检查，全面正确地评价焊接质量。它包括表面质量检查、焊缝无损探伤、焊接试板质量检查、耐压和致密性检查等。

复　习　题

1. 焊接质量控制应实行哪三级质量控制的管理责任制？它们的具体分工怎样？
2. 焊接前质量控制的项目有哪些？
3. 焊接施工过程的质量控制项目是什么？
4. 焊接后最终质量检验的内容是什么？

第七章　中级电焊工操作技能

§7—1　焊 接 材 料

一、焊条的工艺性能试验

焊条的工艺性能是指焊条在使用操作时的性能，它是评定焊条质量的重要指标。焊条的工艺性能包括：焊接电弧的稳定性、焊缝成形、再引弧性能、对各种规定焊接位置的适应性、脱渣性、飞溅率、焊条的熔化特性以及发尘量等。

1. 焊接电弧的稳定性　焊接电弧是否稳定，它直接影响焊接质量和焊接过程能否连续顺利地进行。

焊接电弧的稳定性（简称稳弧性）与很多因素有关，如焊接电源的特性（包括电源种类、空载电压以及电源的动特性等）、焊接工艺参数以及焊条药皮组成等。

通常在生产中评定焊接电弧稳定性的方法有如下三种：

(1) 在焊接过程中用肉眼观察焊条熔化情况。稳弧性好的焊条，电弧燃烧平稳，柔和，没有噪声，不灭弧，熔滴细小，以“雾状”向熔池中喷射，操作者有轻松的感觉。而稳弧性差的焊条，电弧燃烧时带劈劈啪啪的噪声，电弧摇摇晃晃，飞溅大，易断弧。

(2) 在一定的焊接工艺及电源条件下，测量电弧拉断时的弧长，其方法为：将焊条垂直装夹在支架下，在焊条下放一钢板，间隙为 2.5 mm，用石墨片引弧，焊条熔化到一定弧长后即自行断弧。断弧后轻轻敲除熔渣，去除焊条端头的熔渣，测量焊肉顶部与焊条末端的距离，该距离为断弧长度。每种焊条测定三次，取平均值。此法简单准确，且具有一定的可比性，应用较多。

(3) 在一定的焊接工艺及电源条件下，测量焊接过程中电弧的熄灭、喘息次数，作为评定焊条的稳弧性。其测定方法为：用同一焊机，采用较低的空载电压，固定一名焊工，采用同一规范在钢板上焊完整根焊条。在施焊过程中，观察并记录灭弧喘息次数。

2. 焊条的再引弧性能　焊条的再引弧性能是指在一定的焊接工艺和电源条件下，整根焊条烧到 1/2 长度时，停弧并间隔一定时间再引弧的难易程度。

测定方法：停弧后约 3 s，在试验钢板的另一处，以焊条熔化端和钢板轻轻接触，不作敲击动作，不得破坏药皮套筒，观察再引弧情况。

再引弧性能试验，一般每种焊条测三次，有两次以上可以引燃者，则认为再引弧性能合格。试验用试板厚度见表 7—1。

表 7—1　　再引弧用试板厚度

焊 条 直 径 (mm)	试 板 厚 度 (mm)
≤2.5	4～6
>2.5～≤6	8～12

试验中，焊接电流一般采用焊条说明书中建议的中限电流值。

3. 焊缝成形　良好的焊缝成形应该是焊缝表面光滑，焊缝两边整齐，波纹细密美观，焊缝几何形状正确（焊缝向母材圆滑过渡、无咬边、余高适中）。焊缝表面成形不仅反映了表面美观问题，成形不良的焊缝内部往往存在各种夹渣、未焊透、气孔及裂纹等缺陷，影响焊接接头的力学性能。

影响焊缝表面成形除操作因素外，主要决定于焊条药皮熔点、密度、熔渣凝固温度、高温时熔渣的黏度、表面张力，以及电弧吹力等物理性能。

焊缝成形的评定，按焊条所规定的焊接位置进行。一般都在平焊位置施焊，焊后除去焊渣，观察焊道成形情况。

4. 脱渣性　脱渣性是指焊后熔渣从焊缝表面清除的难易程度。如果脱渣困难，则会显著降低生产率，多层焊时影响更大。此外还易造成夹渣等缺陷。因此脱渣性是评定焊条工艺性能的又一重要指标。

影响脱渣性的因素很多，由于不同类型焊条的熔渣物理性能不同，所以它们的脱渣性有一定的差异。此外，也与焊接位置和接头形式有关。

生产中常在平板或坡口上施焊或用实际工作的接头形式施焊，观察焊条的脱渣性。

5. 各种位置焊接的适应性　通常来说能适应：平焊、立焊、横焊、仰焊和平角焊这五种位置焊接的焊条称为“全位置”焊条。由于不同类型焊条的电弧吹力及熔渣物理性能（熔点、黏度和表面张力）不同，所以在各种位置上焊接的适应性也不同。每种牌号焊条所适用的焊接位置，通常在其焊条说明书中特别加以注明。除某些特殊焊条外，几乎所有焊条都能进行平焊。

评定焊条各种位置焊接的适应性，目前尚无科学的测试方法和手段。只能依靠焊工的感觉，即按焊条的熔化情况、电弧稳定性、熔渣流动性、脱渣性、飞溅、焊缝成形等结果来判定。

6. 飞溅率　飞溅率是指在焊接中，从熔滴或熔池中飞出的金属颗粒和焊渣。飞溅太多时会破坏正常的焊接过程，降低焊条的熔敷效率和弄脏焊缝周围工件的表面，增加清理工作量。

影响飞溅的因素很多，它与焊条配方、焊条偏心、工艺参数以及焊条的吸潮程度等有关，各类焊条飞溅大小往往用飞溅率来衡量，飞溅大的焊条，其飞溅率一般也高。

常用的钛型、钛钙型焊条，焊接时其熔滴主要以细颗粒形式过渡，电弧稳定，且套筒的定向气流作用有利于飞溅的减少，所以它们的飞溅率也小。低氢型焊条由于熔滴主要以较大颗粒的短路形式过渡，电弧稳定性差，焊条飞溅较大，在采用较大的电流和较长的电弧操作时，飞溅更为明显。

飞溅率测试方法：试板竖放在板厚为 3～5 mm 的紫铜板上，焊条试验在用 0.5～1 mm 厚的紫铜板围成高 400 mm、短轴约 400 mm、长轴约 600 mm 的椭圆形筒体内进行。每种焊条抽取三根称重（焊缝和熔渣中的飞溅物不计），计算焊条的飞溅率。计算公式如下：

$$\text{飞溅率}=\frac{\text{飞溅物重(g)}}{\text{焊接前焊条重(g)}-\text{焊后焊条重(g)}}\times 100\%$$

注意事项：

(1) 通常试板尺寸为 250 mm×50 mm×20 mm。对熔敷效率在 110% 以上的焊条，其试板的尺寸应为 300 mm×50 mm×25 mm；

(2) 使用同一焊机，由同一名焊工采用同一操作方法施焊。对交直流两用焊条，应采用交流电源进行试验；

(3) 焊接电流应选用焊条说明书中建议的上限电流值；

(4) 焊条和试板称重，应精确到±1 g，飞溅物精确到±0.01 g；

(5) 焊条剩余长度一般应不大于 70 mm。

7. 焊条的熔化特性　影响焊条熔化特性的因素很多，有电源的种类、极性和焊芯成分、药皮成分等，其中焊条药皮成分是决定焊条熔化特性的主要因素。

8. 焊条的发尘量　结构钢焊条根据有关标准规定分成三个等级；≤10 g/kg；>10～15 g/kg；>15 g/kg。

二、焊剂与焊丝的工艺性能试验

根据有关国家标准及专业标准的规定，焊剂的工艺性能试验内容有：

(1) 脱渣性；(2) 焊道的熔合情况；(3) 焊道的成形；(4) 咬边等。

焊丝的工艺性能试验内容有：

(1) 焊丝熔化的均匀性；(2) 铁水的流动性；(3) 焊缝的成形等。

它们试验方法和评定可参看焊条的相应内容。

§7—2　焊 接 方 法

一、手工电弧焊

1. 中厚板的板—板对接，V 形坡口，横焊或立焊，单面焊双面成形。

〔实例 1〕—立焊

(1) 试件尺寸及要求

1) 试件材料牌号：20 g。

2) 试件及坡口尺寸见图 7—1。

3) 焊接位置：立焊。

4) 焊接要求：单面焊双面成形。

5) 焊接材料为 E4303。

6) 焊机：BX3—300。

(2) 试件装配

1) 钝边：1 mm。

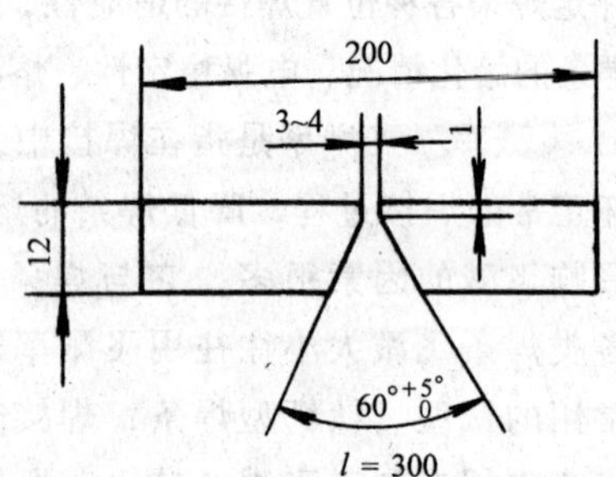

图 7—1　试件及坡口尺寸

2) 清除坡口面及其正反两侧 20 mm 范围内的油、锈及其他污物，至露出金属光泽。

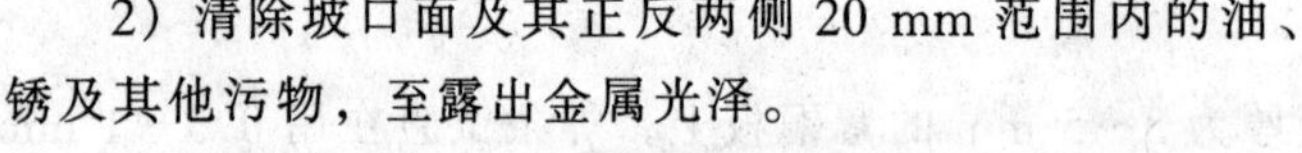

3) 装配

①装配间隙：始端为 3 mm，终端为 4 mm。

②定位焊：采用与焊接试件相同牌号焊条进行定位焊，并在试件坡口内两端点焊，焊点长度为 10～15 mm，将焊点接头端打磨成斜坡。

③预置反变形量：3°～4°。

④错边量：≤1.2 mm。

(3) 焊接工艺参数见表 7—2。

(4) 操作要点及注意事项。采用立向上焊接，始焊端在下方。

表 7—2　　焊接工艺参数

焊接层次	焊条直径（mm）	焊接电流（A）
打底焊（1）	3.2	100～110
填充焊（2、3）		110～120
盖面焊（4）		100～110

1）打底焊。打底层焊接，可以采用连弧法，也可采用断弧手法，本实例为连弧手法。

①引弧。在定位焊缝上引弧，当焊至定位焊缝尾部时，应稍加预热，将焊条向坡口根部顶一下，听到“噗噗”声（表明坡口根部已被熔透，第一个熔池已形成），此时熔池前方应有熔孔，该熔孔向坡口两侧各深入 0.5～1 mm。

②运条方法。采用月牙形或锯齿形横向短弧焊法，弧长应小于焊条直径。

③焊条角度。焊条的倾角为 70°～75°，并在坡口两侧稍作停留，以利填充金属与母材熔合良好，并能防止因填充金属与母材交界处形成夹角，不易清渣。

④操作要领。一看、二听、三准。

看：观察熔池形状和熔孔大小，并基本保持一致。熔池形状应为椭圆形，熔池前端始终应有一个深入母材两侧约 0.5～1 mm 的熔孔。当熔孔过大时，应减小焊条与试板的下倾角；让电弧多压往熔池，少在坡口上停留。当熔孔过小时，应压低电弧，增大焊条与试板的下倾角度。

听：注意听电弧击穿坡口根部发出的“噗噗”声，如没有这种声音就是没焊透。一般保持焊条端部离坡口根部 1.5～2 mm 为宜。

准：施焊时，熔孔的端点位置要把握准确，焊条的中心要对准熔池前端与母材的交界处，使每一个熔池与前一个熔池搭接 2/3 左右，保持电弧的 1/3 部分在试件背面燃烧，以加热和击穿坡口根部。

⑤收弧。打底焊道需要更换焊条停弧时，先在熔池上方做一熔孔，然后回焊 10～15 mm再熄弧，并使其形成斜坡形。

⑥接头。可分热接和冷接两种方法。

热接：当弧坑还处在红热状态时，在弧坑下方 10～15 mm 处的斜坡上引弧，并焊至收弧处，使弧坑根部温度逐步升高，然后将焊条沿着预先做好的熔孔向坡口根部顶一下，使焊条与试件的下倾角增大到 90°左右，听到“噗噗”声后，稍作停顿，恢复正常焊接。停顿时间一定要适当，若过长，易使背面产生焊瘤；若过短，则不易接上接头，另外换焊条的动作越快越好。

冷接：当弧坑已经冷却，用砂轮或扁铲对已焊的焊道收弧处，打磨一个 10～15 mm 的斜坡，在斜坡上引弧并预热，使弧坑根部温度逐步升高，当焊至斜坡最低处时，将焊条沿预先作好的熔孔向坡口根部顶一下，听到“噗噗”声后，稍作停顿并提起焊条进行正常焊接。

⑦打底层焊缝厚度。坡口背面的高度约 1.5～2 mm，正面厚度为 2～3 mm。

2）填充焊

①应对打底焊道仔细清渣，应特别注意死角处的熔渣清理。

②在距焊缝始端 10 mm 左右处引弧后，将电弧拉回到始焊端施焊。每次都应按此法操作，以防产生缺陷。

③采用月牙形或横向锯齿形摆动。

④焊条与试板的下倾角为70°～80°。

⑤焊条摆动到两侧坡口处要稍作停顿，以利熔合及排渣，防止立焊缝两边产生死角。

⑥最后一层填充焊层厚度，应使其比母材表面低1～1.5 mm，且应呈凹形，不得熔化坡口棱边，以利盖面层保持平直。

3）盖面层焊接

①引弧同填充焊。

②采用月牙形或横向锯齿形运条。

③焊条与试板的下倾角为70°～75°。

④焊条摆动到坡口边缘时，要稍作停留，保持熔宽1～2 mm。

⑤焊条的摆动频率应比平缝稍快些，前进速度要均匀一致，使每个新熔池覆盖前一个熔池的2/3～3/4。

⑥接头：换焊条前收弧时，应对熔池填些铁水，迅速更换焊条后，再在弧坑上方10mm左右的填充层焊缝金属上引弧，将电弧拉至原弧坑处填满弧坑后，继续施焊。

2. 板—管（板）T形接头，单边V形坡口，骑座式垂直俯位或水平固定位置焊，单面焊双面成形。

［实例2］—水平固定位置焊

（1）试件尺寸及要求

1）试件材料牌号：20。

2）试件及坡口尺寸见图7—2。

3）焊接位置：水平固定。

4）焊接要求：单面焊双面成形　$K=S+(3\sim6)$。

5）焊接材料：E4303，150～200℃烘干，保温1～2 h。

6）焊机：BX3—300。

（2）试件装配

1）钝边：0.5～1 mm。

2）清除坡口范围内及两侧20 mm的油、锈及其他污物，至露出金属光泽。

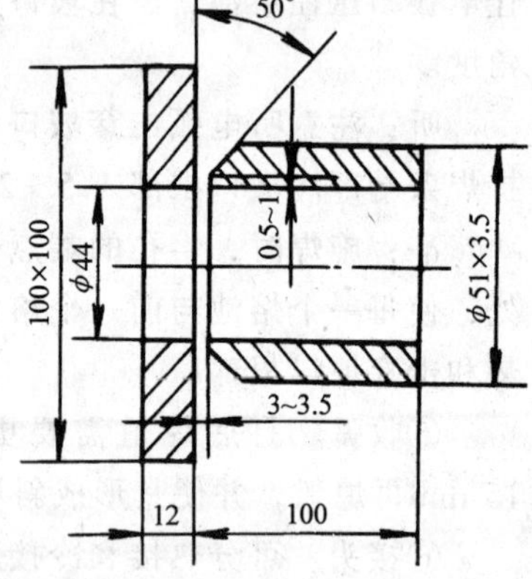

图7—2　试件及坡口尺寸

3）装配

①装配间隙：3～3.5 mm。

②定位焊：采用与焊接试件相同牌号焊条进行定位焊，定位焊位置在时钟3点与9点，焊点长度10 mm左右，点焊焊缝厚度为2～3 mm，并需焊透和无缺陷，其两端应预先打磨或铣削成斜坡，以便接头。

③试件装配错边量：≤0.35 mm。

④管子应与管板相垂直。

（3）焊接工艺参数见表7—3。

（4）操作要点及注意事项。管板水平固定焊环形焊缝，施焊时分两个半圈，各两层，每半圈都存在仰、立、平三种不同位置的焊接。

1）打底焊。打底层的焊接，可以采用连弧焊手法，也可采用断弧焊手法进行。

表 7—3　　焊接工艺参数

焊接层次	焊条直径（mm）	焊接电流（A）
打底道	2.5	85～90
盖面焊	3.2	110～120

①在仰焊 6 点钟位置前 5～10 mm 处的坡口内引弧，焊条在坡口根部管与板之间作微小横向摆动，当母材熔化铁水与焊条熔滴连在一起后，第一个熔池形成，然后进行正常手法的焊接。

②连弧焊采用月牙形或锯齿形摆动。

③因管与板厚度差较大，焊接电弧应偏向孔板，使管、板温度均匀，并保证板孔边缘熔化良好。一般焊条与孔板的夹角为 15°～20°，与焊接前进方向的夹角随着焊接位置的不同而改变。

④当采用断弧焊时，灭弧动作要快，不要拉长电弧，同时灭弧与接弧时间间隔要短，灭弧频率为每分钟 50～60 次。每次重新引燃电弧时，焊条中心要对准熔池前沿焊接方向的2/3处，每接弧一次，焊缝增长 2 mm 左右。

⑤焊接时，电弧在管和板上要稍作停留，并在板侧的停留时间要长些。

⑥焊接过程中，要使熔池的形状和大小保持基本一致，使熔池中的铁水清晰明亮，熔孔始终深入每侧母材 0.5～1 mm。同时应始终伴有电弧击穿根部所发出的“噗噗”声，以保证根部焊透。

⑦与定位焊缝接头：当运条到定位焊缝根部时，焊条要向管内压一下，听到“噗噗”声后，连弧快速运条到定位焊缝另一端，再次将焊条向下压一下，听到“噗噗”声后稍作停留，恢复原来的操作手法。

⑧收弧时，将焊条逐渐引向坡口斜前方，或将电弧往回拉一小段，再慢慢提高电弧，使熔池逐渐变小，填满弧坑后熄弧。

⑨再换焊条时接头

热接：当弧坑尚保持红热状态，迅速更换焊条后，在熔孔下面 10 mm 处引弧，然后将电弧拉到熔孔处，焊条向里推一下，听到“噗噗”声后，稍作停顿，恢复原来的手法焊接。

冷接：当熔池冷却后，必须将收弧处打磨出斜坡方向接头。更换焊条后在打磨处附近引弧，运条到打磨斜坡根部时，焊条向里推一下，听到“噗噗”声后，稍作停留，恢复原来手法焊接。

⑩后半圈的焊接方法与前半圈基本相同，但需在仰焊接头和平焊接头处多加注意。

一般在上、下两接头处，均打磨出斜坡，引弧后在斜坡后端起焊，运条到斜坡根部时，焊条向上顶，听到“噗噗”声后，稍作停顿，再进行正常手法焊接。当焊缝即将封闭收口时，焊条向下压一下，听到“噗噗”声后，稍作停留，然后继续向前焊接 10 mm 左右，填满弧坑，收弧。

⑪打底焊道应尽量平整，并保证坡口边缘清晰，以便盖面。

2）盖面焊

①清除打底焊道熔渣，特别是死角。

②盖面层焊接，可采用连弧手法或断弧手法施焊。

③连弧焊时，采用月牙形横拉短弧施焊。在仰焊部位前 10 mm 左右焊趾处引弧后，并使熔池呈椭圆形，上、下轮廓线基本处于水平位置，焊条摆动到管与板侧时要稍作停留，而且在板侧停留的时间要长些，以避免咬边。焊条与孔板的夹角从仰焊部位的 45°逐渐过渡到平焊部位的 60°左右，焊接前进方向夹角随焊接位置不同而改变。焊缝收口时要填满弧坑，收弧。

④断弧焊时，在仰焊部位前 10 mm 左右的第一道焊缝上引弧，将铁水从管侧带到钢板上，向右推铁水，形成第一个浅的熔池，以后都是从管向板作斜圆圈运条，电弧在板侧上停留时间稍长些。当焊至上坡焊时，电弧从钢板向管侧作斜圆圈形运条。焊缝收口时，要和前半圈收尾焊道吻合好，并填满坑后收弧。

3. 大直径管对接，U 形坡口，垂直固定焊，单面焊双面成形。

〔实例 3〕—垂直固定

（1）试件尺寸及要求

1）试件材料牌号：20。

2）试件及坡口尺寸见图 7—3。

3）焊接位置：垂直固定。

4）焊接要求：单面焊双面成形。

5）焊接材料：E4303，150～200℃烘干，保温 1～2 h。

6）焊机：BX3—300。

（2）试件装配

1）钝边：1 mm。

2）清除坡口及两侧 20 mm 范围内的油、锈及其他污物，至露出金属光泽。

3）装配：将试件置于装配胎具上进行定位焊接。

①装配间隙：3 mm。

②定位点焊：三点定位，其相对位置见图 7—4，采用与焊接试件相同牌号焊条进行定位焊，焊点长度为 10～15 mm，厚度为 3～4 mm，点焊于坡口内，并需焊透和无缺陷，其两端应预先打磨或锉削成斜坡，以便接头。

③试件错边量：≤2 mm。

（3）焊接工艺参数见表 7—4。

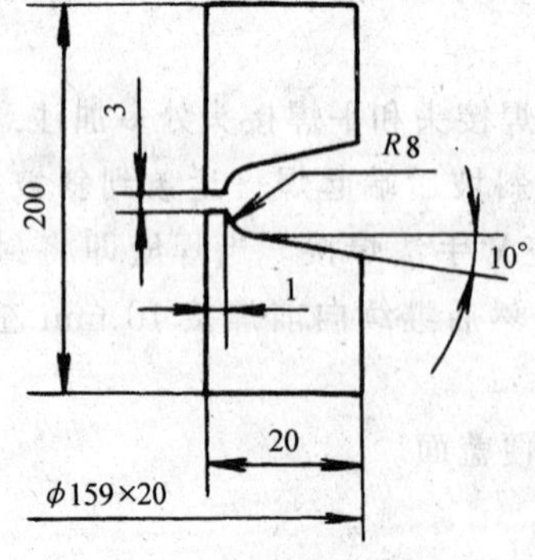

图 7—3 试件及坡口尺寸

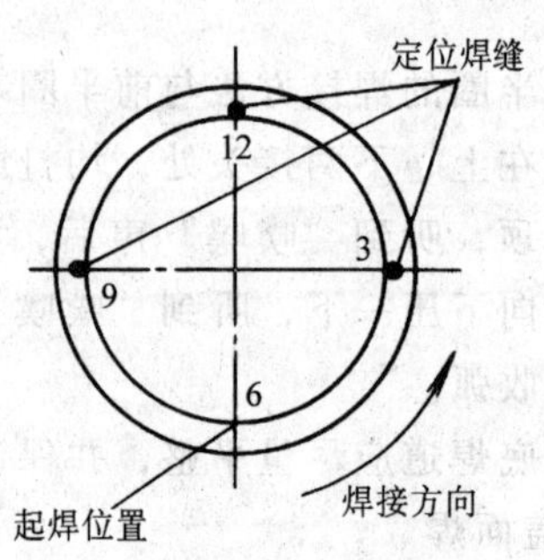

图 7—4 定位焊缝位置

表 7—4　　焊接工艺参数

焊接层次	焊条直径（mm）	焊接电流（A）
打底焊	2.5	80～85
填充焊	3.2	110～120
盖面焊	3.2（4）	110～120（170～180）

（4）操作要点及注意事项。大管子垂直固定焊接要领基本与板状试件横焊相同，不同的是管子有弧度，焊条需沿管子圆周转动。

1）打底焊。打底层的焊接，可采用连弧焊手法，也可采用断弧焊手法进行。

①如图 24—4 所示，起始焊接位置坡口上侧引弧，然后向管子的下坡口移动，待坡口两侧熔合后，焊条向根部下压，并稍作停顿，听到电弧击穿根部的“噗噗”声，钝边每侧应熔化 0.5～1 mm，形成熔孔。

②焊条与管子下侧的夹角为 80°～85°，与管切线前进方向夹角为 70°～75°。

③焊接方向为从左向右，采用锯齿形或斜椭圆形运条，并保持短弧施焊。

④焊条在坡口两侧停留时间，在上坡口应比下坡口长些，以防熔池金属下坠。焊接电弧的 1/3 保持在熔池前，用来熔化和击穿坡口根部，而 2/3 覆盖在熔池上，并保持熔池形状大小一致，熔池铁水清晰明亮。

⑤若采用断弧焊时，应逐点将铁水送到坡口根部，迅速向侧后方灭弧。灭弧时间间隔要短，动作干净利落，不拉长弧，灭弧频率以 70～80 次/分为宜。接弧位置要准确，每次接弧时焊条中心要对准熔池的 2/3 左右处，使新熔池覆盖前一个熔池 2/3 左右。

⑥与定位焊缝的接头：运条到定位焊缝根部时，焊条要前顶一个，听到“噗噗”击穿声后，稍作停留，然后运条到定位焊缝另一端再次向下压一下，听到击穿声后稍作停留，再恢复到原来的操作手法。

⑦收弧时焊条前顶，待熔孔稍微增大后向后上方带弧 10 mm 再熄弧。使熔池缓慢冷却，以防背面出现冷缩孔，并形成一个斜坡，以便接头。

⑧更换焊条时接头：有热接和冷接两种，其操作手法基本与〔实例 2〕相同。

⑨焊缝收口方法：当焊条接近始焊端接头时，焊条向前顶一个，让电弧击穿坡口根部，听到“噗噗”声后稍作停顿，然后继续向前施焊 10 mm 左右，填满弧坑收弧。

⑩打底焊道上部不得有夹角，下部不得有未熔合。

2）填充焊。采用多层多道焊，必须认真清除各焊层间和焊道间的熔渣和飞溅，修平凹凸处再进行填充层的焊接。

运条方法可采用直线运条法。焊条与下管侧的夹角随焊层和焊道次序不同而变，保证熔化铁水不下淌，与管子切线的焊接前进方向夹角为 80°～85°。焊接时后一焊道施焊时的电弧中心应对准前一焊道的上侧边沿。

两条焊道的起焊部位应错开。

接头时，必须在熔池前 10 mm 处引弧，然后将电弧拉回至熔池后再进行焊接。

填充焊缝应保持表面平整，整个填充层厚度应低于母材表面 1.5～2 mm，并不得熔化坡口上下两侧棱边。

3）盖面焊。在盖面焊接前，应仔细清除填充层的熔渣、飞溅，应特别注意死角。

整个盖面层采用四道焊道，运条方法为直线运条，自左向右，自下而上进行焊接。各条焊道的接头部位应错开。后面焊道应覆盖前面焊道1/3～1/2左右。第一条焊道以熔化下侧坡口边缘1～2 mm为宜，同样最后第四条焊道应以熔化上侧坡口边缘1～2 mm为宜。

接头方法同前。收弧时必须填满弧坑。

4. 高速钢刀具、热锻模或高压阀门密封面的堆焊。

〔实例4〕—阀门密封面堆焊

(1) 工件形状及材料

1）工件材料：ZG25I、12CrMoV等。

2）工件形状见图7—5。

3）工件的工作条件及要求：工作温度≥540℃，工作压力≥9.8 MPa，堆焊层硬度HB270～320。

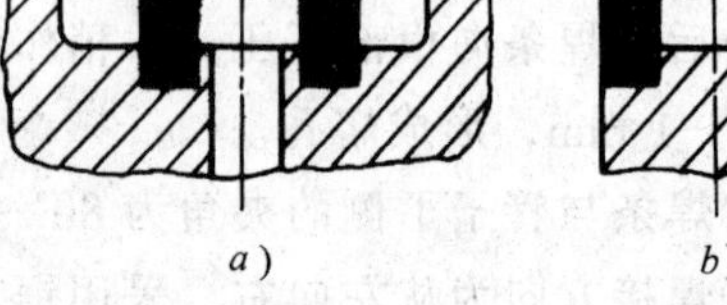

图7—5 阀门密封面堆焊示意图
a）阀体 b）阀瓣

(2) 焊前准备

1）对堆焊表面及堆焊槽的加工要求：表面粗糙度为 R_a25～12.5；堆焊槽底部应圆滑无棱角。

2）清除堆焊表面油、锈及其他污物，堆焊表面不允许有砂眼、气孔、夹渣、裂纹等缺陷。

3）工件焊前预热温度为150～200℃。

(3) 堆焊工艺

1）焊接材料及焊接工艺参数见表7—5。

表7—5 焊接工艺参数

焊条牌号	焊条直径（mm）	焊接电流（A）	极性
堆547	4	120～160	直流反接
	5	140～180	

2）焊条须经250℃烘干，保温1 h。

3）堆焊时应采用短弧小电流。堆焊层数四层。

4）堆焊时层间温度应不低于预热温度。

5）每层焊缝的始端与末端应重合10～15 mm，且每层接头必须错开。

6）堆焊必须控制堆焊层高度，应保证有足够的加工余量。

7）堆焊时工件应尽量放置于水平位置，整个工件在堆焊过程中不得中断。

8）每堆焊一层必须严格清渣，才能再开始下一层的堆焊，不允许不经清渣进行连续堆焊。

(4) 焊后检查。清除工件表面熔渣、飞溅等。

1）检查堆焊层有无气孔、裂纹、夹渣、咬边等缺陷。

2）检查堆焊层外形尺寸是否符合图样要求，应保证有足够的加工余量。

3）对堆焊进行硬度检查，看是否符合要求。

5. 铸铁齿轮箱壳裂纹的焊补。

〔实例5〕—减速箱上盖裂纹的焊补

铸铁的补焊方法很多，如表7—6所示。

表 7—6　　铸铁常用的焊补方法

焊补方法		焊接材料	预热温度
气焊	热焊法	铸铁芯焊条	600℃左右
	不预热焊法	铸铁芯焊条	—
钎　焊		黄铜	火焰加热
电弧焊	冷焊法	非铸铁组织焊条	—
	半热焊法	钢芯石墨化铸铁焊条	400℃左右
	不预热焊法	铸铁芯焊条	—
	热焊法	铸铁芯焊条	600℃左右
电　渣　焊		铸铁棒材	预热或不预热

通常根据焊补件的具体情况（如大小、厚薄、缺陷情况、刚度、材质等）和对焊补件的质量要求（如切削加工性、硬度、强度、颜色、密封性等）来进行选择。

(1) 坡口准备

1) 减速箱上盖材料：牌号 HT25—47　灰口铸铁。

2) 裂纹情况。由铸造缺陷引起箱盖结合面上开裂，并延伸至箱壁，裂纹总长约 130 mm，裂纹部位及形状如图 7—6 所示。箱壁厚 12 mm，箱盖结合面厚 20 mm。

3) 坡口加工。在裂纹端部钻 $\phi5$ 的止裂孔，并用钻头和砂轮清除裂缝，开 X 形坡口。

图 7—6　减速箱上盖裂纹

4) 检查坡口是否已将裂纹清除干净。

(2) 焊补工艺及操作要点：采用铸 308 焊条冷焊焊补工艺，由内向边缘进行，并采用短道、分段、间断焊。

1) 清除坡口周围 50 mm 范围内油、锈等污物，至露出金属光泽。

2) 焊接材料：铸 308，$\phi3.2$，焊前 150℃，烘干 1～2 h，焊接电流 90～100 A。

3) 采用逆向、分段、断续焊并不作横向摆动，每次焊接长度约 30 mm，应立即用小锤轻轻锤击。

4) 焊接方向由内壁向外缘进行，以减少最后焊道的应力。

5) 焊接时的层间温度应保持 60℃左右（应以不烫手为准）。

6) 焊后保温或作低温退火。

7) 打磨箱盖结合面焊道，检查焊补焊道质量。

二、手工钨极氩弧焊

1. 薄板的板—板对接，I 形或 V 形坡口，横焊或立焊，单面焊双面成形。

〔实例 6〕—V 形坡口立焊

(1) 试件尺寸及要求

1) 试件材料：20 g。

2) 试件及坡口尺寸见图 7—7。

3) 焊接位置：立焊。

4）焊接要求：单面焊双面成形。

5）焊接材料：H08Mn2SiA，焊丝直径 ϕ2.5 mm。

6）焊机：NSA4—300，直流正接。

（2）试件装配

1）钝边：0～0.5 mm，要求平直。

2）清除坡口及其正反面两侧 20 mm 范围内的油、锈及其他污物，至露出金属光泽，并再用丙酮清洗该区。

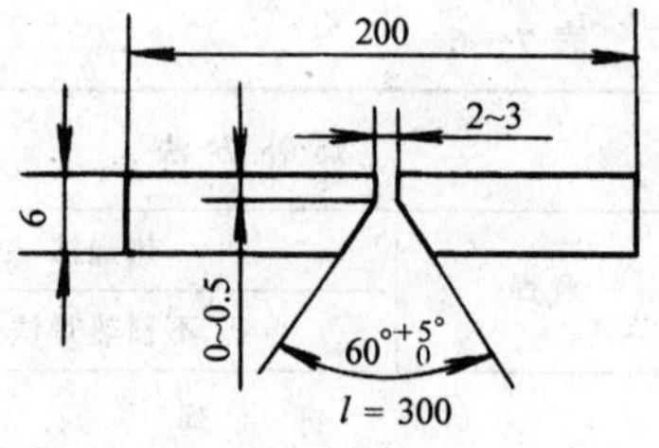

图 7—7 试件及坡口尺寸

3）装配

①装配间隙：下端为 2 mm，上端为 3 mm。

②定位焊：采用与焊接试件相同牌号的焊丝进行定位焊，并点于试件正面坡口内两端，焊点长度为 10～15 mm。

③预置反变形量：3°。

④错边量：≤0.6 mm。

（3）焊接工艺参数见表 7—7。

表 7—7 立焊焊接工艺参数

焊接层次	焊接电流（A）	电弧电压（V）	氩气流量（L/min）	钨极直径（mm）	焊丝直径（mm）	喷嘴直径（mm）	钨极伸出长度（mm）	钨极至工件距离（mm）
打底焊	80～90							
填充焊	90～100	12～16	7～9	2.5	2.5	10	4～8	≤12
盖面焊	90～100							

（4）操作要点及注意事项。立焊难度较大，熔池金属下坠，焊缝成形差，易出现焊瘤和咬边，施焊宜用偏小的焊接电流，焊枪作上凸月牙形摆动，并应随时调整焊枪角度控制熔池的疑固，避免铁水下淌。通过焊枪移动与填丝的配合，以获得良好的焊缝成形。焊枪角度、填丝位置如图 7—8 所示。

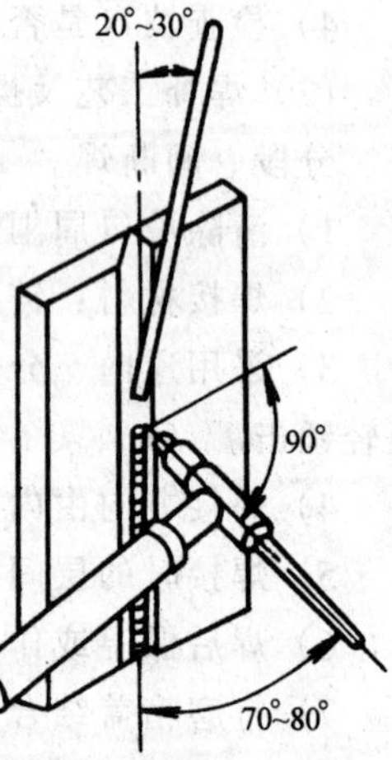

试件位置：如图 7—7 所示，小间隙在最下面。

1）打底焊。在试板最下端的定位焊缝上引弧，先不加焊丝，待定位焊缝开始熔化，并形成熔池和熔孔后，开始填丝向上焊接，焊枪作上凸月牙形运动，在坡口两侧稍停留，保证两侧熔合好，施焊时应注意，焊枪向上移动速度要合适，特别要控制好熔池的形状，保持熔池外沿接近椭圆形，不能凸出来，否则焊道将外凸，使成形不良。尽可能让已焊好的焊道托住熔池，使熔池表面接近一个水平面匀速上升，使焊缝外观较平整。

图 7—8 立焊焊枪角度与填丝位置

2）填充焊。焊枪摆动幅度稍大，保证两侧熔合好，焊道表面平整，焊接步骤、焊枪角度、填丝位置同打底层焊接。

3）盖面焊。施焊前应修平填充焊道的凸起处。施焊时除焊枪摆动幅度较大外，其余都与打底层焊接相同。

2．板—管（板）T 形接头，单边 V 形坡口，骑座式垂直俯位或水平固定位置焊，单面焊双面成形。

〔实例 7〕—水平固定

(1) 试件尺寸及要求

1) 试件材料：20。

2) 试件及坡口尺寸见图 7—9。

3) 焊接位置：水平固定。

4) 焊接要求：单面焊双面成形，$K=S+(3\sim6)$。

5) 焊接材料：H08Mn2SiA，焊丝直径 $\phi2.5$ mm。

6) 焊机：NSA4—300，直流正接。

(2) 试件装配

1) 钝边：0～0.5 mm。

2) 清除坡口范围内及其两侧 20 mm 的油、锈及其他污物，至露出金属光泽，并再用丙酮清洗该区。

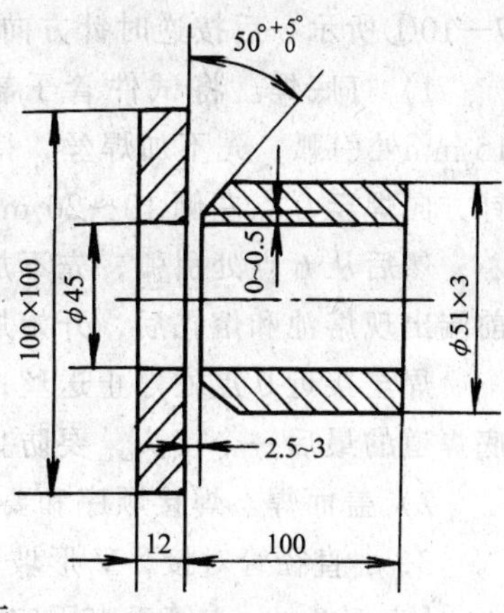

图 7—9 试件及坡口尺寸

3) 装配

①装配间隙：2.5～3 mm。

②定位焊：采用三点定位焊固定，并均布于管子外圆周上，点焊长度为 10 mm 左右，要求焊透，不得有缺陷，并且定位焊缝不得置于时钟 6 点位置。

③试件装配错边量：≤0.3 mm。

④管子应与管板相垂直。

(3) 焊接工艺参数见表 7—8。

表 7—8 全位置焊接工艺参数

焊接电流 (A)	电弧电压 (V)	氩气流量 (L/min)	钨极直径 (mm)	焊丝直径 (mm)	喷嘴直径 (mm)	喷嘴至工件距离 (mm)
80～90	11～13	6～8	2.5	2.5	8	≤12

(4) 操作要点及注意事项。这是管板接头形式中难度最大的项目，因它包含了平焊、立焊和仰焊三种操作技能。

为便于叙述，将试件按时钟面分成两个相同半周进行焊接，如图 7—10 所示。分两层两

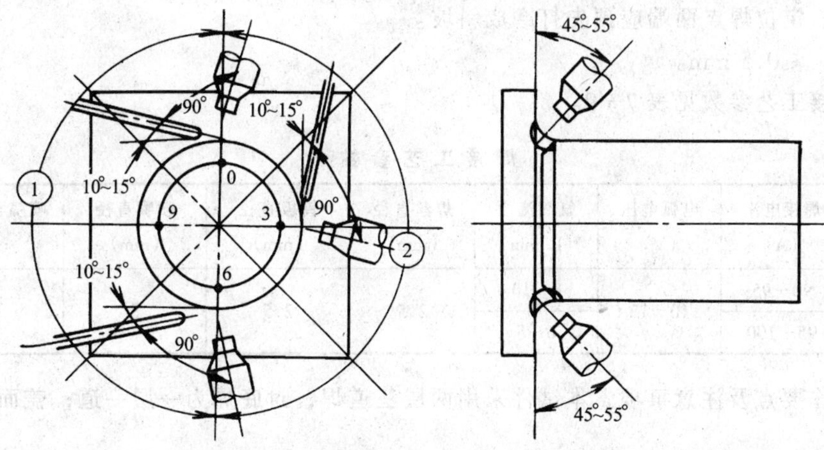

图 7—10 全位置焊时焊枪角度与焊丝位置

道焊接，先焊打底层，后焊盖面层，每层都分成两个半圈，先按顺时针方向焊前半周，如图7—10①所示，后按逆时针方向焊后半周，如图7—10②所示。

1）打底焊。将试件管子轴线固定在水平位置，0点处在正上方。在6点左侧10～15 mm处引弧，先不加焊丝，待坡口根部熔化，形成熔池和熔孔后，开始加焊丝，并按顺时针方向焊至0点左侧10～20 mm处。

然后从6点处引弧，先不加焊丝，待焊缝开始熔化时，按逆时针方向移动电弧，当焊缝前端出现熔池和熔孔后，开始加焊丝，继续沿逆时针方向焊接。

焊至接近0点处停止送丝，待原焊缝处开始熔化时，迅速加焊丝，使焊缝封闭。这是打底焊道的最后一个接头，要防止烧穿或未熔合。

2）盖面焊。焊接顺序和要求同打底层焊道，但焊枪摆动幅度稍大。

3. 小直径管对接，V形坡口，垂直固定焊，单面焊双面成形。

〔实例8〕一小管垂直固定焊

（1）试件尺寸及要求

1）试件材料：20。

2）试件及坡口尺寸见图7—11。

3）焊接位置：垂直固定。

4）焊接要求：单面焊双面成形。

5）焊接材料：H08Mn2SiA，焊丝直径 $\phi 2.5$ mm。

6）焊机：NSA4—300。

（2）试件装配

1）钝边：0～0.5 mm。

2）清除坡口及其两侧内外表面20 mm范围内的油、锈及其他污物，至露出金属光泽，并再用丙酮清洗该区。

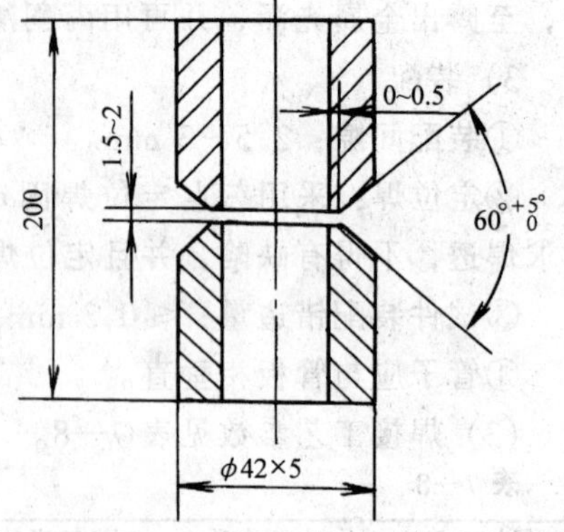

图7—11 试件及坡口尺寸

3）装配

①装配间隙：1.5～2 mm。

②定位焊：一点定位，焊点长度为10～15 mm，并保证该处间隙为2 mm，与它相隔180°处间隙为1.5 mm，将管子轴线垂直并加固定，间隙小的一侧位于右边。焊接材料与焊接试件相同。定位焊点两端应预先打磨成斜坡。

③错边：≤0.5 mm。

（3）焊接工艺参数见表7—9。

表7—9 **焊接工艺参数**

焊接层次	焊接电流（A）	电弧电压（V）	氩气流量（L/min）	焊丝直径（mm）	钨极直径（mm）	喷嘴直径（mm）	喷嘴至工件距离（mm）
打底焊	90～95	10～12	8～10	2.5	2.5	8	≤8
盖面焊	95～100		6～8				

（4）操作要点及注意事项。本试件采用两层三道焊，封底焊为一层一道；盖面焊为一层上、下两道。

1）打底焊。焊枪角度如图7—12所示，左右侧间隙最小处(1.5 mm)引弧，先不加焊丝，待坡口根部熔化形成熔滴后，将焊丝轻轻地向熔池里推一下，并向管内摆动，将铁水送到坡口根部，以保证背面焊缝的高度。填充焊丝的同时，焊枪小幅度作横向摆动并向右均匀移动。

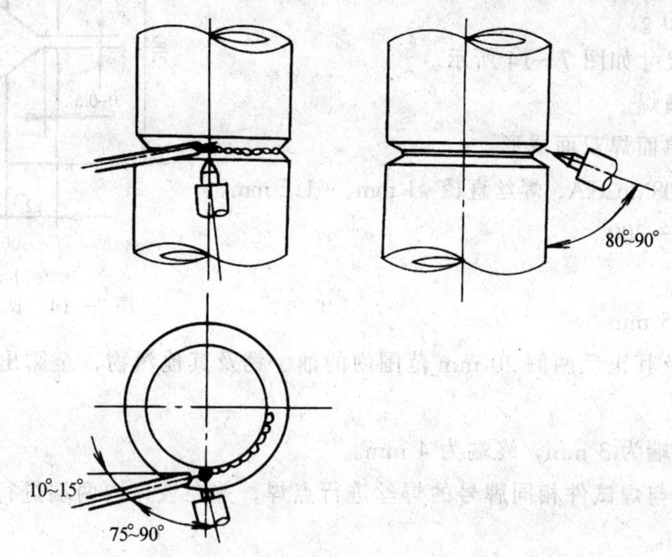

图 7—12　打底焊的焊枪角度

在焊接过程中，填充焊丝以往复运动方式间断地送入电弧内的熔池前方，在熔池前呈滴状加入。焊丝送进要有规律，不能时快时慢，才能保证焊缝成形美观。

当焊工要移动位置暂停焊接时，应按收弧要点操作。

焊工再进行焊接时，焊前应将收弧处修磨成斜坡并清理干净，在斜坡上引弧，移至离接头 8～10 mm 处，焊枪不动，当获得明亮清晰的熔池后，即可添加焊丝，继续从右向左进行焊接。

小管子垂直固定打底焊，熔池的热量要集中在坡口的下部，以防止上部坡口过热，母材熔化过多，产生咬边或焊缝背面的余高下坠。

2）盖面焊。盖面焊缝由上、下两道组成，先焊下面的焊道，后焊上面的焊道，焊枪角度如图 7—13 所示。

焊下面的盖面焊道时，电弧对准打底焊道下沿，使熔池下沿超出管子坡口棱边 0.5～1.5 mm，熔池上沿在打底焊道的 1/2～2/3 处。

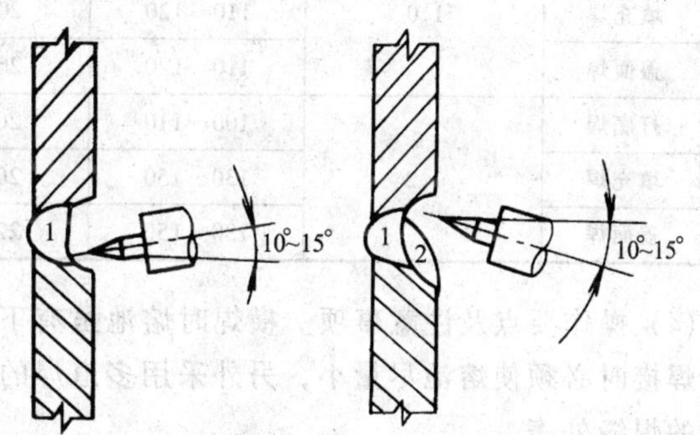

图 7—13　盖面焊焊枪角度

焊上面的盖面焊道时，电弧对准打底焊道上沿，使熔池超出管子坡口 0.5～1.5 mm，下沿与下面的焊道圆滑过渡，焊接速度要适当加快，送丝频率加快，适当减少送丝量，防止焊缝下坠。

三、二氧化碳气体保护焊

1. 薄板或中厚板的板—板对接，I 形或 V 形坡口，横或立焊，单面焊双面成形。

［实例 9］—中厚板横焊

(1) 试件尺寸及要求

1) 试件材料：20 g。

2) 试件及坡口尺寸如图 7—14 所示。

3) 焊接位置：横焊。

4) 焊接要求：单面焊双面成形。

5) 焊接材料：H08Mn2SiA，焊丝直径 ϕ1 mm、ϕ1.2 mm。

6) 焊机：NBC1—300。

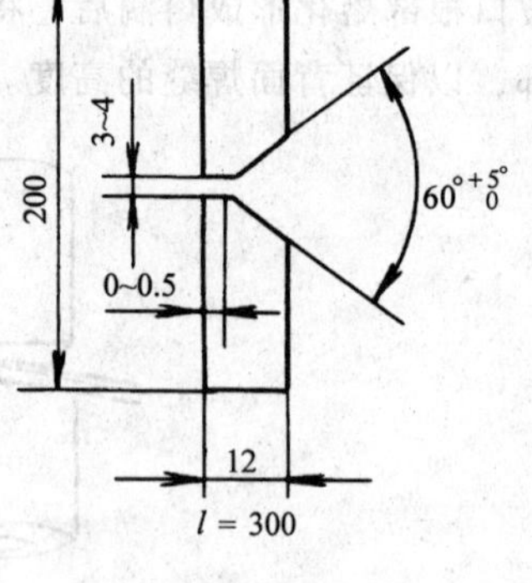

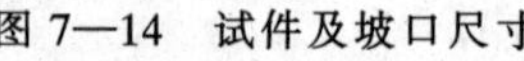
图 7—14　试件及坡口尺寸

(2) 试件装配

1) 钝边：0～0.5 mm。

2) 清除坡口面及其正反两侧 20 mm 范围内的油、锈及其他污物，至露出金属光泽。

3) 装配

①装配间隙：始端为 3 mm，终端为 4 mm。

②定位焊：采用与焊试件相同牌号的焊丝进行点焊，并在坡口内两端进行定位焊接，焊点长度约 10～15 mm。

③预置反变形量：5°～6°。

④错边量：≤1.2 mm。

(3) 焊接工艺参数见表 7—10。

表 7—10　焊接工艺参数

组别	焊接层次	焊丝直径 (mm)	焊接电流 (A)	电弧电压 (V)	气体流量 (L/min)	焊丝伸出长度 (mm)
第一组	打底焊	1.0	90～100	18～20	10	10～15
	填充焊		110～120	20～22		
	盖面焊		110～120	20～22		
第二组	打底焊	1.2	100～110	20～22	15	20～25
	填充焊		130～150	20～22		
	盖面焊		130～150	22～24		

(4) 操作要点及注意事项。横焊时熔池虽有下面托着较易操作，但焊道表面不易对称，所以焊接时必须使熔池尽量小，另外采用多道焊的方法来调整焊道外表面形状，最后获得较对称的焊缝外表。

横焊时的试件角变形较大，它除了与焊接工艺参数有关外，又与焊缝层数、每层焊道数目及焊道间的间歇时间有关，通常熔池大，焊道间间歇时间短，层间温度高时角变形则大，反之则小。

横焊时采用左向焊法，三层六道，按 1～6 顺序焊接，焊道分布如图 7—15 所示。将试板垂直固定于焊接夹具上，焊缝处于水平位置，间隙小的一端放于右侧。

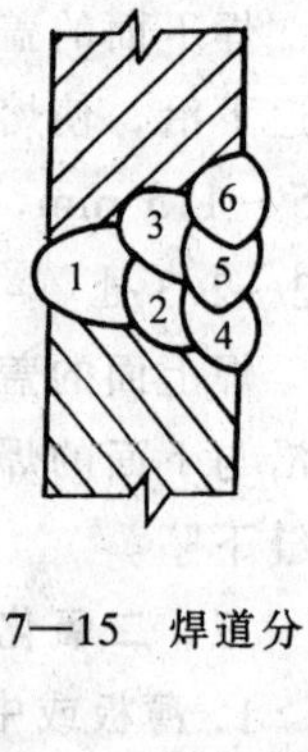

图 7—15　焊道分布

1) 打底焊。调试好焊接工艺参数后，按图 7—16a 所示的焊枪角度，从右向左进行焊接。

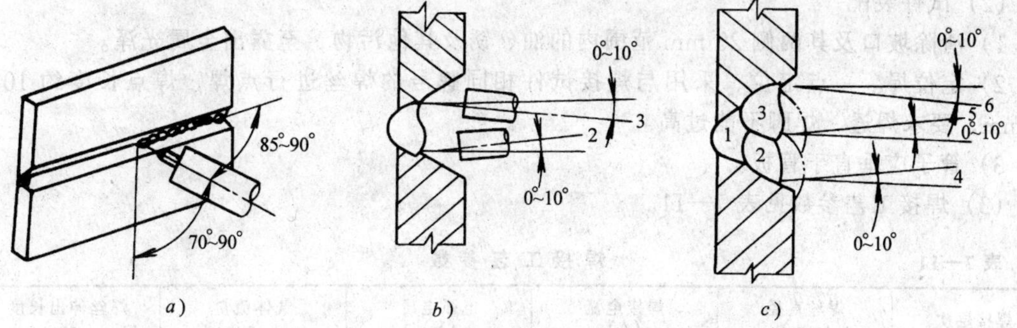

图 7—16 横焊时焊枪角度及对中位置

a）打底焊 b）填充焊 c）盖面焊

在试件定位焊缝上引弧，以小幅度锯齿形摆动，自右向左焊接，当预焊点左侧形成熔孔后，保持熔孔边缘超过坡口上、下棱边 0.5～1 mm。焊接过程中要仔细观察熔池和熔孔，根据间隙调整焊接速度及焊枪摆幅，尽可能地维持熔孔直径不变，焊至左端收弧。

若打底焊接过程中电弧中断，则应按下述步骤接头：

①将接头处焊道打磨成斜坡。

②在打磨了的焊道最高处引弧，并以小幅度锯齿形摆动，当接头区前端形成熔孔后，继续焊完打底焊道。

焊完打底焊道后，先除净飞溅及焊道表面熔渣，然后用角向磨光机将局部凸起的焊道磨平。

2）填充焊。调试好填充焊参数，按图 7—16*b* 所示的焊枪对中位置及角度进行填充焊道 2 与 3 的焊接。整个填充层厚度应低于母材 1.5～2 mm，且不得熔化坡口棱边。

①焊填充焊道 2 时，焊枪成 0°～10°俯角，电弧以打底焊道的下缘为中心作横向摆动，保证下坡口熔合好。

②焊填充焊道 3 时，焊枪成 0°～10°仰角，电弧以打底焊道的上缘为中心，在焊道 2 和上坡口面间摆动，保证熔合良好。

③清除填充焊道的表面熔渣及飞溅，并用角向磨光机打磨局部凸起处。

3）盖面焊。调试好盖面焊参数，按图 7—16*c* 所示的焊枪对中位置及角度进行盖面的焊接，操作要领基本同填充焊。

收弧时必须填满弧坑，并使弧坑尽量短。

2. 板—管(板)T 形接头，插入式水平固定位置角焊。

〔实例 10〕—水平固定

(1) 试件尺寸及要求

1）试件材料：20。

2）试件及坡口尺寸见图 7—17。

3）焊接位置：水平固定。

4）焊接要求：单面焊双面成形，$K=5^{+2}$。

5）焊接材料：H08Mn2SiA，$\phi1.2$ mm。

6）焊机：NBC1—300。

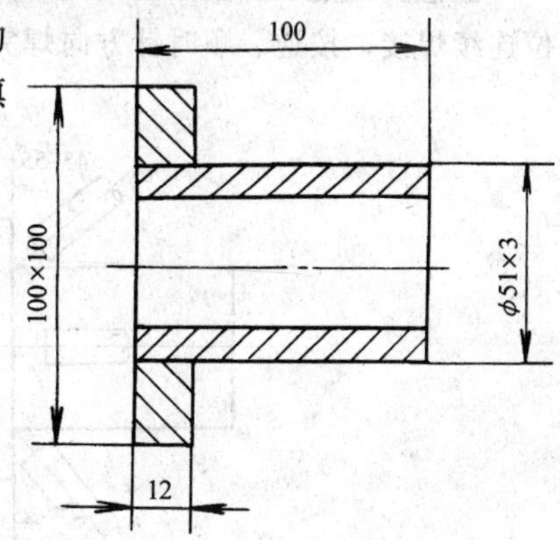

图 7—17 试件及坡口尺寸

(2) 试件装配

1) 清除坡口及其两侧 20 mm 范围内的油、锈及其他污物，至露出金属光泽。

2) 定位焊。一点定位，采用与焊接试件相同牌号的焊丝进行点焊，焊点长度约 10～15 mm，要求焊透，焊脚不能过高。

3) 管子应垂直于管板。

(3) 焊接工艺参数见表 7—11。

表 7—11　　焊接工艺参数

焊接层次	焊丝直径 (mm)	焊接电流 (A)	电弧电压 (V)	气体流量 (L/min)	焊丝伸出长度 (mm)
打底焊	1.2	90～110	18～20	10	15～20
盖面焊		110～130	20～22	15	

(4) 焊接要点及注意事项。这是插入式管板最难焊的位置，需同时掌握 T 形接头平焊、立焊、仰焊的操作技能，并根据管子曲率调整焊枪角度。

本实例因管壁较薄，焊脚高度不大，故可采用单道焊或二层二道焊（一层打底焊和一层盖面焊）。

1) 将管板试件固定于焊接固定架上，保证管子轴线处于水平位置，并使定位焊缝不得位于时钟 6 点位置。

2) 调整好焊接工艺参数，在 7 点处引弧，沿逆时针方向焊至 3 点处断弧，不必填满弧坑，但断弧后不能移开焊枪。

3) 迅速改变焊工体位，从 3 点处引弧，仍按逆时针方向由 3 点焊到 0 点。

4) 将 0 点处焊缝磨成斜面。

5) 从 7 点处引弧，沿顺时针方向焊至 0 点，注意接头应平整，并填满弧坑。

若采用两层两道焊，则按上述要求和次序再焊一次。焊第一层时焊接速度要快，保证根部焊透，焊枪不摆动，使焊脚较小，盖面焊时焊枪摆动，以保证焊缝两侧熔合好，并使焊脚尺寸符合规定要求。

注意：上述步骤实际上是具有连贯性，应根据管子的曲率变化，焊工不断地转腕和改变体位连续焊接，按逆、顺时针方向焊完一圈焊缝。焊接时的焊枪角度与焊法如图 7—18 所示。

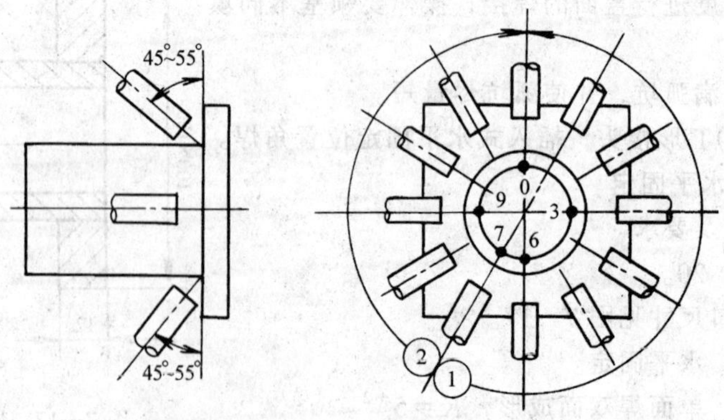

图 7—18　焊枪角度

①从 7 点开始沿逆时针方向焊至 0 点　②从 7 点开始沿顺时针方向焊至 0 点

3．大直径管对接，V 形坡口，垂直固定焊，单面焊双面成形。

〔实例 11〕—垂直固定焊

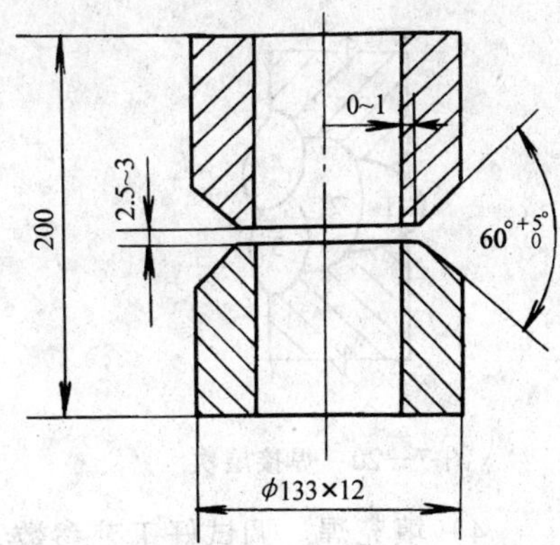

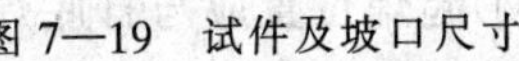
图 7—19　试件及坡口尺寸

（1）试件尺寸及要求

1）试件材料：20。

2）试件及坡口尺寸见图 7—19。

3）焊接位置：垂直固定。

4）焊接要求：单面焊双面成形。

5）焊接材料：H08Mn2SiA，焊丝直径 φ1 mm、φ2 mm。

6）焊机：NBC1—300。

（2）试件装配

1）钝边：0～1 mm。

2）清除坡口及其内外两侧 20 mm 范围内的油、锈及其他污物，至露出金属光泽。

3）装配

①装配间隙：2.5～3 mm。

②定位焊：三点均布定位焊，并采用与焊试件相同牌号的焊丝进行定位点焊，焊点长度为 10～15 mm 左右，要求焊透和保证无焊接缺陷，并将焊点两端修磨成斜坡。

③试件错边量：≤1.2 mm。

（3）焊接工艺参数见表 7—12。

表 7—12　　焊接工艺参数

焊接层次	焊接电流 (A)	电弧电压 (V)	气体流量 (L/min)	焊丝直径 (mm)	伸出长度 (mm)
打底焊	110～130	18～20	12～15	1，2	15～20
填充焊	130～150	20～22			
盖面焊					

（4）操作要点及注意事项

1）焊接层次与焊接方法。采用左向焊法，焊接层次为三层四道，如图 7—20 所示。

2）试件固定。将管子垂直固定于试件固定架上，并将间隙较小的位置（2.5 mm）置于起焊位置。

3）打底焊。调试好焊接参数，在试件右侧定焊缝上引弧，自右向左开始作小幅度锯齿形横向摆动，待左侧形成熔孔后，转入正常焊接。打底时的焊枪角度如图 7—21 所示。

打底焊时注意事项：

①打底焊道主要保证焊缝的背面成形。焊接过程中，应保证熔孔直径比间隙大0.5～1 mm，且两边需对称，才能保证焊根背面熔合好。

②应特别注意打底焊道与定位焊缝的接头，必须熔合好。

③为便于施焊，灭弧后允许管子转动位置，此时可不必填满弧坑，但不能移开焊枪，需利用 CO_2 气体来保护熔池到完全凝固，并在熄弧处引弧焊接。直到焊完打底焊道。

④除净熔渣、飞溅后，修磨接头局部凸起处。

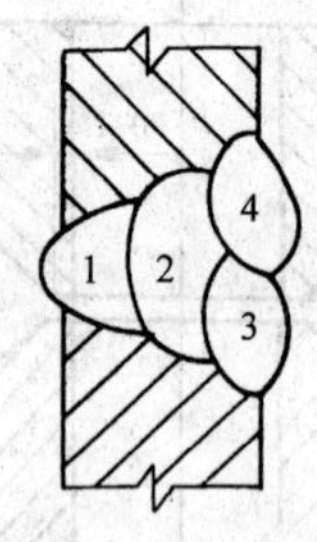

图 7—20　焊接层次

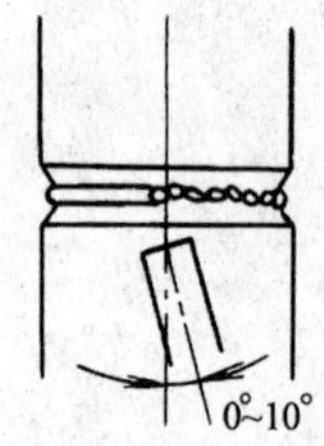

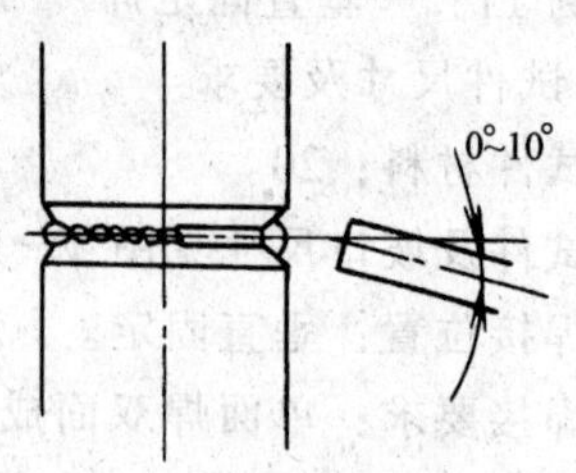

图 7—21　打底焊焊枪角度

4）填充焊。调试好工艺参数，自右向左进行焊接，并应注意以下几点：

①起焊位置应与打底焊道接头错开。

②适当加大焊枪的横向摆动幅度，保证坡口两侧熔合好，焊枪角度同打底焊要求。

③不得熔化坡口棱边，并使焊道高度低于母材 2.5～3 mm。

④除净熔渣、飞溅，并修磨填充焊道的局部凸起处。

5）盖面焊。用填充焊相同工艺参数和步骤完成盖面层的焊接。

盖面焊时的注意事项：

①为保证焊缝余高对称，盖面层焊道分两道，焊枪角度见图 7—22。

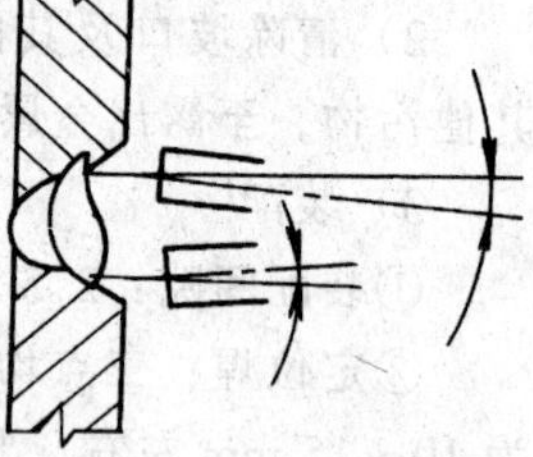

图 7—22　盖面焊焊枪角度

②焊接过程中，应保证焊缝两侧熔合好，故熔池边缘超过坡口棱边 0.5～2 mm。

四、埋弧焊

厚板的板—板对接，双面焊。

〔实例 12〕—平对接

（1）试件尺寸及要求

1）试件材料：16Mn 或 20 g、Q235。

2）试件及坡口尺寸见图 7—23。

3）焊接位置：平焊。

4）焊接材料：H10Mn2（H08A），焊丝直径 $\phi4$，焊剂 HJ301（HJ431），定位焊用焊条 E4315，$\phi4$。焊接材料应按规定要求烘干及去除表面的油、锈等污物。

5）焊机：MZ—1000 型（或 MZ1—1000 型）。

（2）试件装配

1）清除试件坡口面及其正反两侧 20 mm 范围内油、锈及其他污物，至露出金属光泽。

2）装配：试件的定位焊及装配要求如图 7—24 所示。

①装配间隙：2～3 mm。

②错边量：$\not>$1.5 mm。

③反变形量：3°～4°。

④试件两端装焊引弧板及引出板，引弧板尺寸为 100 mm×100 mm×10 mm 两块，引弧两侧挡板为 100 mm×100 mm×6 mm 四块。

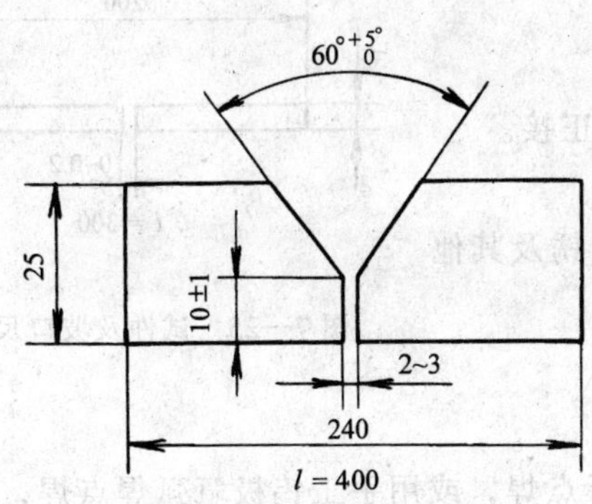

图 7—23 试件及坡口尺寸

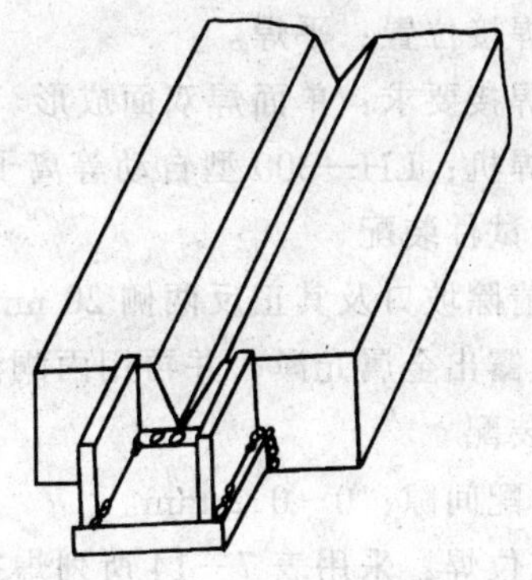
图 7—24 装配及定位焊要求

(3) 焊接工艺参数见表 7—13。

表 7—13 焊接工艺参数

焊缝位置	焊丝直径 (mm)	焊接电流 (A)	电弧电压 (V)	焊接速度 (m/h)	间隙 (mm)
正面	4	600～700	34～38	25～30	2～3
背面		650～750	36～38		

(4) 操作要点及注意事项

1) 焊接顺序。在先焊 V 形坡口的正面焊缝时，应将试件水平置于焊剂垫上，并采用多层多道焊，焊完正面焊缝后清渣，将试件翻面，再焊接反面焊缝，反面焊缝为单层单道焊。

2) 正面焊。调试好焊接工艺参数，在间隙小端（2 mm）起焊，焊接要领参见初级工〔实例 12〕，操作步骤如下：

①焊丝对中。

②引弧焊接。

③收弧。

④清渣。焊完每一层焊道后，必须清除渣壳，检查焊道，不得有缺陷，焊道表面应平整或稍下凹，与两坡口面的熔合应均匀，焊道表面不能上凸，特别是在两坡口面处不得有死角，否则易产生未熔合或夹渣等缺陷。

若发现层间焊道熔合不良时，应调整焊丝对中，增加焊接电流或降低焊接速度。施焊时层间温度不得过高，一般应＜200℃。

盖面焊道的余高应为 0～4 mm，每侧的熔宽为（3±1）mm。

3) 反面焊。其焊接步骤和要求同正面焊，为保证反面焊缝焊透，焊接电流应大些，或使焊接速度稍慢一些，焊接参数的调整既要保证焊透，又要使焊缝尺寸符合规定要求。

五、等离子弧焊

薄板的板—板或管—管对接，平或水平转动焊，单面焊双面成形。

〔实例 13〕—薄板平焊

(1) 试件尺寸及要求

1) 试件材料牌号：1Cr18Ni9Ti。

2) 试件及坡口尺寸见图 7—25。

3）焊接位置：平焊。

4）焊接要求：单面焊双面成形。

5）焊机：LH—300 型自动等离子弧焊机，直流正接。

(2）试件装配

1）清除坡口及其正反两侧 20 mm 范围内的油、锈及其他污物，至露出金属光泽，并再用丙酮清洗该区。

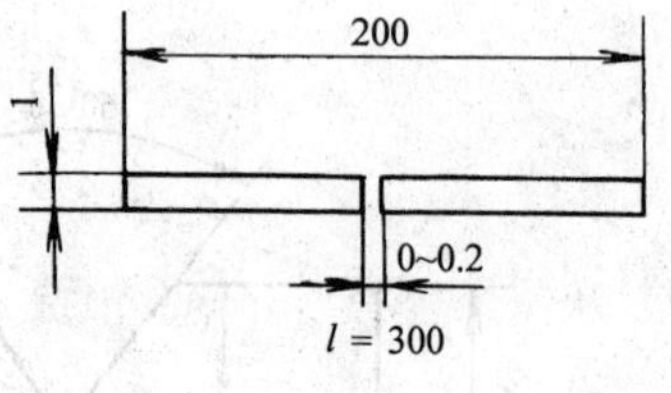

图 7—25 试件及坡口尺寸

2）装配

①装配间隙：0～0.2 mm。

②定位焊：采用表 7—14 所列焊接工艺参数进行点焊，或用手工钨极氩弧焊点焊，固定焊缝应从中间向两头进行，焊点间距为 60 mm 左右，共 6 点，定位焊后试件应矫平。定位焊缝长约 5 mm 左右。

③错边量：≤0.1 mm。

(3）焊接工艺参数见表 7—14。

表 7—14 焊接工艺参数

材料牌号	材料厚度(mm)	氩气流量(L/min)		焊接电流(A)	电弧电压(V)	焊接速度(mm/min)	钨极直径(mm)	喷嘴孔长/喷嘴孔径(mm)	钨极内缩距离(mm)	喷嘴至工件距离(mm)
		离子气	保护气							
1Cr18Ni9Ti	1	1.9	15	100	19.5	930	2.5	2.2/2	2	3～3.4

(4）操作要点及注意事项。薄板的等离子弧焊时采用不加填丝，一次焊接双面成形，由于试件较薄为 1 mm，一般采用微弧等离子焊接法，而不必采用等离子小孔焊接法。

1）将试件水平夹固于定位夹具上，以防止焊接过程中试件的变动。为保证焊透和使反面焊缝成形良好，也可采用铜衬垫。

2）调整各焊接工艺参数并不在试件上另行试焊。

3）焊接等离子弧的对中。由于本试件采用不加填丝微弧等离子焊接法，焊缝的熔化区域较小，等离子弧的偏离，将严重影响背面焊缝的成形和产生未熔合等缺陷，故要求等离子弧严格对中，并应将试件夹固以防焊接过程中变动。

4）引弧焊接。焊接过程中应严格注意各焊接工艺参数的变化，特别注意电弧的对中与喷嘴的高度，并随时加以修正。

5）收弧停止焊接。当焊接熔池达到离试件端部 5 mm 左右时，应按停止按钮结束焊接。

为保证焊接过程的顺利进行，焊前应检查气路、水路是否畅通，焊炬不得有任何渗漏，喷嘴端面应保持清洁，钨极端部形状应符合规定要求（钨极尖端包角为 30°～45°)。

六、电渣焊

厚板的板—板对接，I 形坡口的单丝或双丝焊。

〔实例 14〕—厚板双丝电渣焊

(1）试件尺寸及要求

1）试件材料：20 g。

2）试件及坡口尺寸见图 7—26。

3）焊接位置：垂直位置。

4）焊接要求：双面成形。

5）焊接材料：H10Mn2，焊丝直径 $\phi 3$ mm，焊剂 360 或 HJ301（HJ431），使用前焊丝必须除油、锈，焊剂必须经 250℃焙烘 2 h。

6）焊机：HS—1000 型电渣焊机。

（2）试件装配

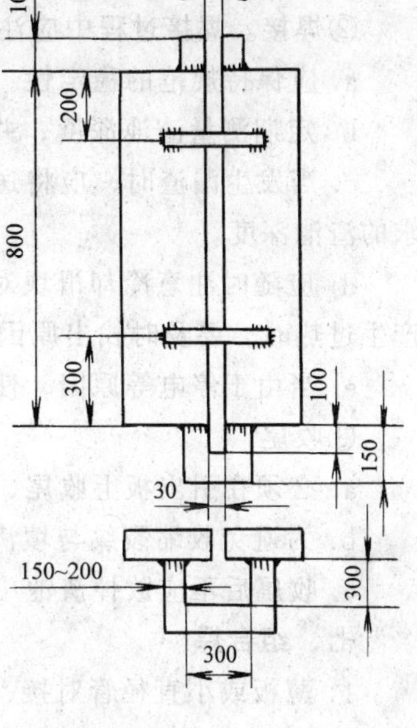

图 7—26　试件及坡口尺寸

1）试件的坡口加工可以采用刨边机或其他机械加工方法进行；也可采用自动或半自动气割来达到，但要求坡口边缘应成直角，表面不得有深度＞3 mm、宽度＞5 mm 的凹坑，波浪度≯1.5 mm/m，全长不得超过 4 mm。

2）清除坡口面及其正反两侧各 40 mm 范围内的油、锈和氧化铁等脏物，至露出金属光泽。

3）试件装配定位焊见图 7—26。

①装配间隙：下端 30 mm、上端 38 mm。

②试件上下端焊上引出板及引弧板，其尺寸见图 7—26，材料牌号及厚度同试件。

③按图示尺寸装上“Π”形板二块，其装焊位置及尺寸如图 7—26 所示，焊脚高度应≮30 mm。

④试件装配错边量应≤2 mm。

（3）焊接工艺参数见表 7—15。

表 7—15　　焊接工艺参数

板厚 (mm)	焊丝数量 (根)	装配间隙 (mm)	焊接电压 (V)	焊接电流 (A)	渣池深度 (mm)	焊丝伸出长度 (mm)	焊丝间隙 (mm)	焊丝摆动速度 (m/h)	焊丝距滑块距离 (mm)	焊丝停留时间 (s)	焊接速度 (m/h)	焊丝送进速度 (m/h)
100	2	30～38	42～48	450～550	55～65	80	55～60	39	10	3	1.2～1.4	200～300

（4）操作要点及注意事项

1）焊前准备

①检查试件装配质量，并装于试件固定架上。

②调试焊机，检查冷却水路及滑块与工件接合情况，水路应畅通无漏水，滑块应与工件贴紧。

③焊丝盘内存量必须满足一次焊完试件的用量，中途不得停焊，焊丝上的油、锈及脏物必须清除干净。

2）焊接

①造渣。采用单丝造渣，先调整其中一根焊丝于间隙中心，将焊丝与引弧板密接，放入少量焊剂，采用较高的焊接电压（比正常大 2～4 V）和较低的送丝速度（一般为 120～150 m/h），利用电弧过程进行造渣，在造渣时必须间断地加入少量焊剂，当渣池达一定深度后，即建立了稳定的电渣过程时，调整焊丝位置，送入第二根焊丝，逐步增加摆幅至要求

后即可按正常规范进行焊接。

②焊接。焊接过程中应注意事项：

a. 应保持规范的稳定性，注意并调节焊丝在坡口间隙中的位置及距滑块的距离。

b. 定期测量渣池深度，并均匀添加焊剂。

c. 当发生漏渣时，应将送丝速度降至120～150 m/h，并立即加入适量焊剂，以恢复要求的渣池深度。

d. 应随时注意冷却滑块对工件的压紧程度，当漏渣时，要及时用石棉泥堵塞。当滑块产生过热时，要及时找出原因。

e. 当由于停电等原因，使电渣过程被迫中断时，只有采用气割割除焊缝重焊。

③收尾

a. 必须在引出板上收尾，以便将杂质与缩孔引出焊件外。

b. 为避免收缩裂纹与填满缩孔，收尾时应降低焊接电压和送丝速度。

c. 收尾后不应放掉渣池中熔渣，以免产生裂纹。

七、组合焊

1. 薄板或小直径管对接，V形坡口，横焊或垂直固定位置，手工钨极氩弧焊打底，手弧焊填充，盖面焊接，单面焊双面成形。

〔实例15〕一小管垂直固定对接

(1) 试件尺寸及要求

1）试件材料：20。

2）试件及坡口尺寸见图7—27。

3）焊接位置：垂直固定。

4）焊接要求：手工钨极氩弧焊打底，手弧焊盖面焊接，单面焊双面成形。

5）焊接材料：焊丝H08Mn2SiA，直径$\phi2.5$ mm；焊条E4303（或E4315），直径$\phi2.5$ mm。

6）焊机：NSA4—300、ZX5—400。

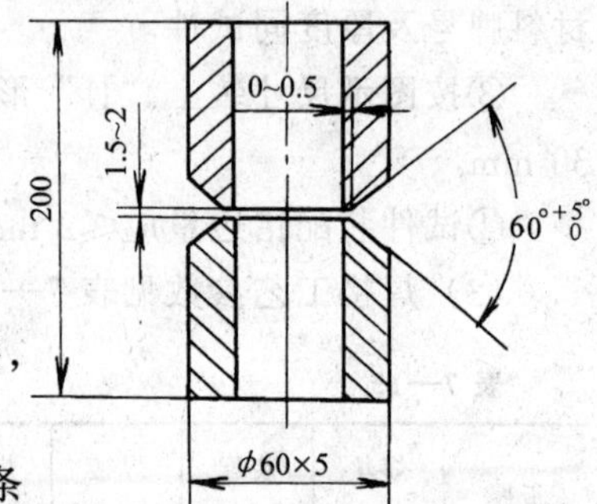

图7—27 试件及坡口尺寸

(2) 试件装配

1）锉钝边：0～0.5 mm。

2）清除坡口及其两侧内外表面20 mm范围内的油、锈及其他污物，至露出金属光泽，并再用丙酮清洗该区。

3）装配

①装配间隙：1.5～2 mm。

②定位焊：采用手工钨极氩弧焊一点定位，并保证该处间隙为2 mm，与它相隔180°处间隙为1.5 mm，将管子轴线垂直并加固定，间隙小的一侧位于右边，定位焊缝长约10～15 mm，两端应预先打磨成斜坡。焊接用材料应与焊接试件相同。

③错边量：≤0.5 mm。

(3) 焊接工艺参数见表7—16。

(4) 操作要点及注意事项：本试件采用单道手工钨极氩弧焊打底，盖面层为上下两道的手弧焊。

表 7—16　　　　　　焊接工艺参数

焊接方法及层次	焊丝或焊条直径（mm）	焊接电流（A）	电弧电压（V）	氩气流量（L/min）	钨极直径（mm）	喷嘴直径（mm）	喷嘴至工件距离（mm）
氩弧焊打底（一道）	ϕ2.5	90～95	10～12	8～10	2.5	8	≤8
手弧焊盖面（二道）	ϕ2.5	70～80	22～27	—	—	—	—

1）打底焊。按表 7—16 的焊接参数进行打底层焊道的焊接，焊接时的焊枪角度见图 7—12。其操作要点及注意事项与〔实例 8〕的打底焊相同。

2）盖面焊。清除打底焊道表面熔渣，修平表面和接头局部上凸部分，按焊接工艺参数进行焊接，盖面层焊缝分下、上两道进行，焊接时由下至上进行施焊，焊条与工件的角度如图 7—28 所示。

盖面焊采用直线不摆动运条，自左向右，自下而上。两条焊缝的起头部位要错开一定距离。

第一条焊道应有 1/3 覆盖在母材上，使坡口边缘熔化约 1～2 mm，焊缝收口时应将电弧向斜上方带，并熄弧。

在焊第二条焊道时，1/3 应搭接在第一条焊道上，2/3 落在母材上，并使上坡口边缘沿熔化 1～2 mm，为防止焊第二条焊道时产生咬边和铁水下淌，要适当增大焊接速度或减小焊接电流，调整焊条角度，以保证外表成形整齐、美观。收弧时应填满弧坑。

2. 中厚壁大直径管或小直径薄壁管对接，U 形坡口或 V 形坡口，水平转动位置，手工钨极氩弧焊打底，熔化极气体保护焊填充，盖面焊接，单面焊双面成形。

〔实例 16〕—中厚壁大直径管，V 形坡口，水平转动位置，手工钨极氩弧焊打底，CO_2 气体保护焊填充，盖面焊，单面焊双面成形。

（1）试件尺寸及要求

1）试件材料：20。

2）试件及坡口尺寸见图 7—29。

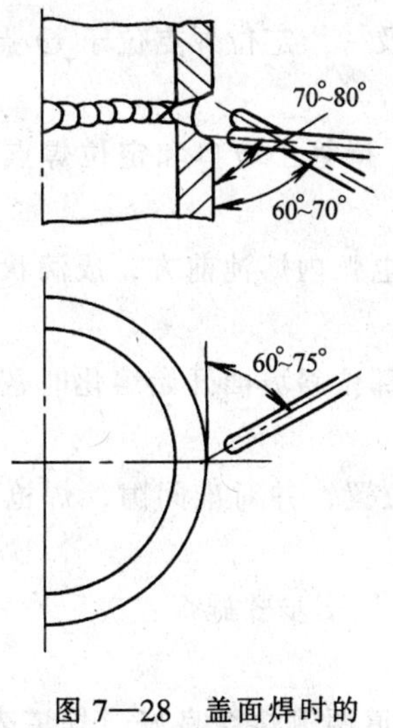

图 7—28　盖面焊时的焊条角度

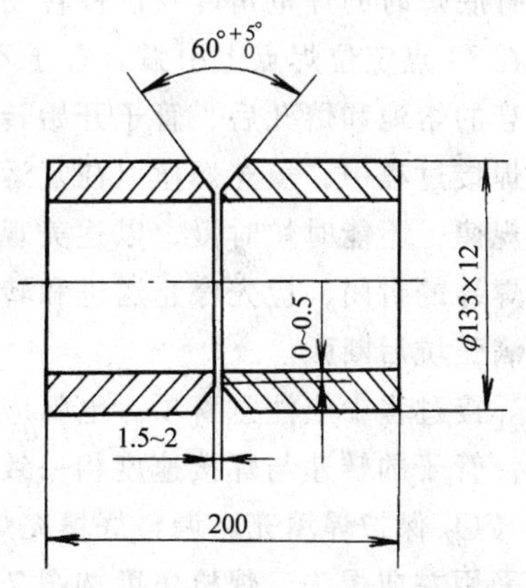

图 7—29　试件及坡口尺寸

3）焊接位置：水平转动位置。

4）焊接要求：手工钨极氩弧焊打底，CO_2 气体保护焊填充，盖面焊，单面焊双面成形。

5）焊接材料：焊丝 H08Mn2SiA，焊丝直径：TIG 焊，$\phi 2.5$；CO_2 保护焊，$\phi 1.2$ mm。

6）焊机：NSA4—400、NBC1—300。

（2）试件装配

1）锉钝边：0～0.5 mm。

2）清除坡口及其两侧内外表面 20 mm 范围内的油、锈及其他污物，至露出金属光泽，并再用丙酮清洗该区。

3）装配

①装配间隙：为 1.5～2 mm。

②定位焊：采用 TIG 焊，三点均布定位焊，定位焊焊接材料同试件焊接材料，焊点长度为 10～15 mm 左右，要求焊透和保证无焊接缺陷。

③试件错边量应≤1.2 mm。

（3）焊接工艺参数见表 7—17。

表 7—17　　　　焊接工艺参数

焊接层次		焊接电流（A）	电弧电压（V）	气体流量（L/min）	焊丝直径（mm）	钨极直径（mm）	喷嘴直径（mm）	喷嘴至工件距离（mm）	伸出长度（mm）
TIG 焊打底		90～95	10～12	8～10	2.5	2.5	8	≤8	—
CO_2 焊	填充	130～150	20～22	15	1.2	—	—	—	15～20
	盖面	130～140							

（4）操作要点及注意事项。采用三层三道焊接，其焊接方法与次序如下：

1）TIG 焊打底。调整好打底工艺参数后并按下述步骤进行施焊：

①将试件置于可调速的转动架上，使间隙为 1.5 mm 及一个定位焊点位于 *O* 点位置。

②打底焊时的焊枪角度及试件转动方向见图 7—30。

③在 *O* 点定位焊点上引弧，管子不转动也不加焊丝，待管子坡口和定位焊点熔化，并形成明亮的熔池和熔孔后，管子开始转动并填加焊丝。

④焊接过程中，填充焊丝以往复运动方式间断地送入电弧内熔池前方，成滴状加入，送进要有规律，不能时快时慢，以达美观的成形。

⑤焊缝的封闭，应先停止送进和转动，待原来的焊缝部位斜坡面开始熔化时，再填加焊丝，填满弧坑后断弧。

⑥焊接过程中应注意事项：电弧应始终保持在 *O* 点位置，并对准间隙，焊枪可稍作横向摆动，管子的转速与焊接速度相一致。

2）CO_2 保护焊填充。调整好填充焊的工艺参数，并按以下步骤施焊：

①采用左向焊法，焊枪角度如图 7—31 所示。

②焊枪应横向摆动，并在坡口两侧适当停留，保证焊道两侧熔合良好，焊道表面平整，稍下凹。

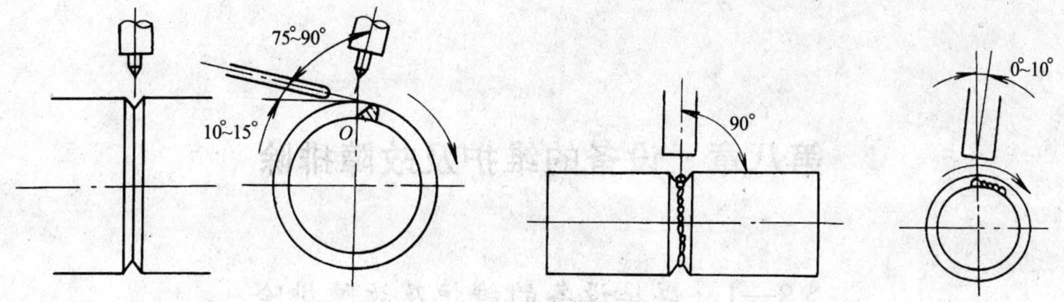

图 7—30　打底焊时焊枪角度　　　　图 7—31　焊枪角度

③应控制填充焊道高度，应低于母材表面 2～3 mm，并不得熔化坡口棱边。

3）CO_2 保护焊盖面。按工艺参数要求进行调节好各参数。

①焊枪摆动幅度应比填充焊时大，并在坡口两侧稍停留，使熔池边缘超过坡口棱边 0.5～1.5 mm，保证两侧熔合良好。

②管子转动速度要慢，保持在水平位置焊接，使焊道成形美观。

第八章 设备的维护及故障排除

§8—1 焊接设备的维护及故障排除

设备的使用与维护在《电焊工技术（初级）》已作介绍，这里主要介绍常见故障及排除方法。

一、焊接变压器的维护及故障排除

当焊接变压器出现故障时，应立即切断电源及时检修。焊接变压器的常见故障及排除方法见表8—1。

表8—1 焊接变压器常见故障及排除方法

故障特征	可能产生的原因	消除方法
1.焊机过热	1.焊机过载； 2.变压器绕组短路； 3.铁心螺杆绝缘损坏	1.减少焊接电流； 2.消除短路； 3.恢复绝缘
2.焊接过程中电流忽大忽小	1.焊接电缆、焊条等接触不良； 2.可动铁心随焊机振动而移动	1.使接触可靠； 2.防止铁心移动
3.可动铁心在焊接过程中，发出强烈的嗡嗡声	1.可动铁心的制动螺钉或弹簧太松； 2.铁心活动部分的移动机构损坏	1.紧固螺钉，调整弹簧拉力； 2.检查修理移动机构
4.焊机外壳带电	1.一次绕组或二次绕组碰壳； 2.电源线与罩壳碰接； 3.焊接电缆误碰外壳； 4.未接地或接地不良	1.检查并消除碰壳处； 2.消除碰壳现象； 3.消除碰壳现象； 4.接妥地线
5.焊接电流过小	1.焊接电缆过长，降压太大； 2.焊接电缆卷成盘形，电感太大； 3.电缆接线柱与焊件接触不良	1.减小电缆长度或加大直径； 2.将电缆放开，不使它成盘状； 3.使接触处接触良好

二、硅整流焊机的维护及故障排除

硅整流焊机常见的故障及其排除方法见表8—2。应特别注意，当硅整流元件损坏时，必须待故障排除后才能更换新元件。

表8—2 硅整流焊机常见故障及消除方法

故障特征	可能产生的原因	排除方法
1.焊机空载电压太低	1.网路电压过低； 2.变压器一次绕组匝间短路； 3.磁力启动器接触不良	1.调整电压至额定值； 2.消除短路现象； 3.使接触良好

续表

故障特征	可能产生的原因	排除方法
2. 焊接电流调节失灵	1. 控制绕组匝间短路； 2. 焊接电流控制器接触不良； 3. 控制整流元件击穿	1. 消除短路现象 2. 使电流控制器接触良好； 3. 更换元件
3. 焊接电流不稳定	1. 主回路交流接触器抖动； 2. 风压开关抖动； 3. 控制绕组接触不良	1. 消除抖动； 2. 消除抖动； 3. 使其接触良好
4. 风扇电动机不转	1. 熔丝烧断； 2. 电动机绕组断线； 3. 按钮开关触头接触不良	1. 更换熔丝； 2. 修复或更换电动机； 3. 修复或更换按钮开关
5. 焊接过程中焊接电压突然降低	1. 主回路全部或部分产生短路； 2. 整流元件击穿； 3. 控制回路断路	1. 修复线路； 2. 更换元件，检查保护线路； 3. 检查控制回路
6. 焊机外壳带电	1. 电源线误碰罩壳； 2. 变压器、电抗器、风扇及控制线路元件等碰罩壳； 3. 未接地线或接地线不良	1. 检查并消除碰壳现象； 2. 消除碰罩壳现象； 3. 接妥地线

三、旋转式直流发电机的维护及故障排除

1. 焊机内外的清洁　焊机的表面要用干棉纱擦拭干净，绕组内部及焊机各间隙中的灰尘要用压缩空气吹净。

2. 换向器表面的光洁　换向器表面上的油污等应用四氯化碳和汽油的混合物擦洗。发现表面粗糙时，应用与换向器相同弧度内衬玻璃砂纸的木块压在换向器上研磨光。

3. 电刷与电刷机构的保养

(1) 电刷表面磨损过多或有破坏时，要更换与原电刷规格相同的新电刷。更换的新电刷应按换向器的弧度进行研磨，防止把电刷磨成圆边。磨后应把尘屑清除干净。

(2) 电刷机构若有损坏应及时修理。

4. 其他部分的保养　要对焊机各部分的连接处（如电刷机构与机壳的连接、焊机与电缆线的连接等）进行检查，若有松动要及时拧紧，使其连接牢固。若接线板破损或烧损，应修好或更换。

旋转式直流发电机的常见故障及排除方法见表 8—3。

表 8—3　　旋转式直流发电机常见故障及排除方法

故障特征	可能产生的原因	排除方法
1. 电动机反转	三相感应电动机与网路接线错误	将三相中任意两线调换
2. 焊机启动后，电动机转速很低，并发出嗡嗡声	1. 三相熔丝中有一相被烧断； 2. 电动机的定子线圈断路	1. 更换新熔丝； 2. 消除短路处

续表

故障特征	可能产生的原因	排除方法
3. 正常启动后发现电刷有火花	1. 电刷和换向器接触不良； 2. 电刷被卡住或松动； 3. 换向片间云母突出	1. 清洗电刷和换向器的接触面； 2. 调整电刷间隙； 3. 去除突出云母，拉深云母槽，使它低于换向器 1 mm
4. 焊接过程中电流忽大忽小	1. 焊接电缆与焊件接触不良； 2. 电流调节器的可动部分随焊机的振动而移动	1. 使焊接电缆与焊件接触良好； 2. 设法抵制电流调节器的可动部分
5. 焊机过热	1. 焊机过载； 2. 焊机发电机电枢线圈短路； 3. 换向器短路； 4. 换向器表面污染	1. 关掉焊机，让其冷却或减少焊接电流； 2. 消除短路； 3. 消除短路； 4. 清理换向器表面污垢

四、埋弧自动焊机的维护及故障排除

1. 埋弧自动焊机的维护保养　通常各类埋弧自动焊机都由焊接小车（或焊头）、控制箱和焊接电源三部分组成，应注意下述各项维护保养工作：

(1) 要保持焊机的清洁，保证焊机在使用过程中各部分动作灵活，特别是机头部分的清洁，避免焊剂、渣壳碎末阻塞活动部件。

(2) 经常保持焊嘴与焊丝的接触良好，否则应及时更换，以防电弧不稳。

(3) 定期检查焊丝输送滚轮磨损情况，并及时更换。

(4) 对小车、焊丝输送机构减速箱内各运动部件应定期加润滑油。

(5) 电缆的连接部分要保证接触良好。

2. 埋弧自动焊机的常见故障及排除方法　埋弧自动焊机的常见故障及排除方法见表8—4。

表 8—4　　埋弧自动焊机常见故障及排除方法

故障特征	可能产生的原因	排除方法
当按下焊丝“向下”“向上”按钮时，焊丝动作不对或不动作	1. 控制线路中有故障（如辅助变压器、整流器损坏，按钮接触不良）； 2. 感应电动机方向接反； 3. 发电机或电动机电刷接触不好	1. 检查上述部件并修复； 2. 改换三相感应电动机的输入接线
按下“启动”按钮，线路正常工作，但引不起弧	1. 焊接电源未接通； 2. 电源接触器接触不良； 3. 焊丝与焊件接触不良； 4. 焊接回路无电压	1. 接通焊接电源； 2. 检查修复接触器； 3. 清理焊丝与焊件的接触点
“启动”后，焊丝一直向上反抽	电弧反馈的 46 号线未接或断开（MZ—1000 型）	将 46 号线接好
线路工作正常，焊接规范正确，而焊丝送进不均匀，电弧不稳	1. 焊丝送进压紧滚轮太松或已磨损； 2. 焊丝被卡住； 3. 焊丝送进机构有故障； 4. 网路电压波动太大	1. 调整或调换焊丝送进滚轮； 2. 清理焊丝； 3. 检查焊丝送进机构； 4. 焊机可使用专用线路

续表

故障特征	可能产生的原因	排除方法
焊接过程中焊剂停止输送或输送量很小	1. 焊剂已用完； 2. 焊剂斗闸门处被渣壳或杂物堵塞	1. 添加焊剂； 2. 清理并疏通焊剂斗
焊接过程中一切正常，而焊车突然停止行走	1. 焊车离合器已脱开； 2. 焊车轮被电缆等物阻挡	1. 关紧离合器； 2. 排除车轮的阻挡物
按下“启动”按钮后，继电器作用，接触器不能正常作用	1. 中间继电器失常； 2. 接触器线圈有问题； 3. 接触器磁铁接触面生锈或污垢太多	1. 检修中间继电器； 2. 检修接触器
焊丝没有与焊件接触，焊接回路有电	焊车与焊件之间绝缘被破坏	1. 检查焊车车轮绝缘情况； 2. 检查焊车下面是否有金属与焊件短路
焊接过程中，机头或导电嘴的位置不时改变	焊车有关部件有游隙	检查消除游隙或更换磨损零件
焊机启动后，焊丝末端周期地与焊件“粘住”或常常断弧	1. “粘住”是因为电弧电压太低，焊接电流太小或网路电压太低； 2. 常常断弧是因为电弧电压太高，焊接电流太大或网路电压太高	1. 增加电弧电压或焊接电流； 2. 减小电弧电压或焊接电流； 3. 改善网路负荷状态
焊丝在导电嘴中摆动，导电嘴以下的焊丝不时发红	1. 导电嘴磨损； 2. 导电不良	更换新导电嘴
导电嘴末端随焊丝一起熔化	1. 电弧太长，焊丝伸出太短； 2. 焊丝送进和焊车皆已停止，电弧仍在燃烧； 3. 焊接电流太大	1. 增加焊丝送进速度和焊丝伸出长度； 2. 检查焊丝和焊车停止的原因； 3. 减小焊接电流
焊接电路接通时，电弧未引燃，而焊丝粘结在焊件上	焊丝与焊件之间接触太紧	使焊丝与焊件轻微接触
焊接停止后，焊丝与焊件粘住	1. “停止”按钮按下速度太快； 2. 不经“停止 1”而直接按下“停止 2”	1. 慢慢按下“停止”按钮； 2. 先按“停止 1”，待电弧自然熄灭后，再按“停止 2”

五、CO_2 气体保护焊机的维护及故障排除

1. CO_2 气体保护焊机的维护保养

(1) 要经常注意送丝软管工作情况，以防被污垢堵塞。

(2) 应经常检查导电嘴磨损情况，及时更换磨损大的导电嘴，以免影响焊丝导向及焊接电流的稳定性。

(3) 施焊时要及时清除喷嘴上的金属飞溅物。

(4) 要及时更换已磨损的送丝滚轮。

(5) 定期检查送丝机构、减速箱的润滑情况，及时加添或更换新的润滑油。

(6) 应经常检查电气接头、气管等连接情况，及时发现问题并加以处理。

(7) 定期以干燥压缩空气清洁焊机。

(8) 定期更换干燥剂。

(9) 当焊机在较长时间不用时，应将焊丝自软管中退出，以免日久生锈。

2. CO_2 气体保护焊机的常见故障及排除方法(见表 8—5) CO_2 气体保护焊机出现故障，有时可用直观法发现，有时必须通过测试方法发现。故障的排除步骤一般为：从故障发生部位开始，逐级向前检查整个系统，或相互有影响的系统或部位；还可以从易出现问题的、经常易损坏的部位着手检查，对于不易出现问题的、不易损坏的，且易修理的部位，再进一步检查。

表 8—5　CO_2 气体保护焊机的常见故障及其排除方法

故障特征	产生原因	排除方法
焊丝送给不均匀	1. 送丝滚轮压力调整不当； 2. 送丝滚轮 V 形槽口磨损； 3. 减速箱故障； 4. 送丝电动机电源插头插得不紧； 5. 焊枪开关或控制线路接触不良； 6. 送丝软管接头处或内层弹簧管松动或堵塞； 7. 焊线绕制不好，时松时紧或弯曲； 8. 焊枪导电部分接触不良，导电嘴孔径不合适	1. 调整送丝轮压力； 2. 更换新滚轮； 3. 检修； 4. 检修、插紧； 5. 检修、拧紧； 6. 清洗、修理； 7. 更换一盘或重绕、调直焊丝； 8. 更换
送丝电动机停止运行或电动机运转而焊丝停止送给	1. 电动机本身故障（如碳刷磨损）； 2. 电动机电源变压器损坏； 3. 熔断器熔丝烧断； 4. 送丝轮打滑； 5. 继电器的触点烧损或其线圈烧损； 6. 焊丝与导电嘴相熔合在一起； 7. 焊枪开关接触不良或控制线路断路； 8. 控制按钮损坏； 9. 焊丝卷曲卡在焊丝进口管处； 10. 调速电路故障 (1) 硅元件击穿； (2) 控制变压器损坏； (3) 接触不良或断线； (4) 晶闸管调速线路故障 1) 电位器接触不良或烧坏； 2) 三极管击穿； 3) 晶闸管击穿	1. 检修或更换； 2. 更换； 3. 换新； 4. 调整送丝轮压紧力； 5. 检修、更换； 6. 更换导电嘴； 7. 更换开关、检修控制线路； 8. 更换； 9. 将焊丝退出剪掉一段； 10. (1) 更换； (2) 更换； (3) 拧紧或接通； (4) 检修、更换； 1) 检修、更换； 2) 更换； 3) 更换
焊接过程中发生熄弧现象和焊接规范不稳	1. 焊接规范选的不合适； 2. 送丝滚轮磨损； 3. 送丝不均匀，导电嘴磨损严重； 4. 焊丝弯曲太大； 5. 焊件和焊丝不清洁，接触不良	1. 调整规范； 2. 更换； 3. 检修调整，更换导电嘴； 4. 调直焊丝； 5. 清理焊件和焊丝
电压失调	1. 三相多线开关损坏； 2. 继电器触点或线包烧损； 3. 线路接触不良或断线； 4. 变压器烧损或抽头接触不良； 5. 移相和触发电路故障； 6. 大功率晶体管击穿； 7. 自饱和磁放大器故障	1. 检修或更换； 2. 检修或更换； 3. 用万用表逐级检查； 4. 检修； 5. 检修更换新元件； 6. 用万用表检查更换； 7. 检修

续表

故障特征	产生原因	排除方法
焊接电压低	1. 网络电压低； 2. 三相变压器单相断电或短路； 3. 三相电源单相断路 (1) 硅元件单相击穿； (2) 单相熔丝烧断	1. 调大挡； 2. 分开元件与变压器的连接线，用摇表测量，找出损坏的线包更换； 3. 用万用表测量各元件正反向电阻，找出坏元件更换； 4. 更换熔丝
焊丝在送丝滚轮和软管进口处发生卷曲或打结	1. 送丝滚轮、软管接头和导丝接头不在一条直线上； 2. 导电嘴与焊丝粘住； 3. 导电嘴内孔太小； 4. 送丝软管内径小或堵塞； 5. 送丝滚轮压力太大，焊丝变形； 6. 送丝滚轮离软管接头进口处太远	1. 调直； 2. 更换导电嘴； 3. 更换导电嘴； 4. 清洗或更换软管； 5. 调整压力； 6. 缩短两者之间距离
焊接电流小	1. 电缆接头松； 2. 焊枪导电嘴间隙大； 3. 焊接电缆与工件接触不良； 4. 焊枪导电嘴与导电杆接触不良； 5. 送丝电动机转速低	1. 拧紧； 2. 更换合适导电嘴； 3. 拧紧连接处； 4. 拧紧螺母； 5. 检查电动机及供电系统
电流失调	1. 送丝电动机或其线路故障； 2. 焊接回路故障； 3. 晶闸管调速线路故障	1. 用万用表逐级检查； 2. 用万用表逐级检查； 3. 用万用表逐级检查
气体保护不良	1. 气路阻塞或接头漏气； 2. 气瓶内气体不足甚至没气； 3. 电磁气阀或电磁气阀电源故障； 4. 喷嘴内被飞溅物阻塞； 5. 预热器断电造成减压阀冻结； 6. 气体流量不足； 7. 焊件上有油污； 8. 工作场地空气对流过大	1. 检查气路，紧固接头； 2. 更换新瓶； 3. 检修； 4. 清理喷嘴； 5. 检修预热器，接通电路； 6. 加大流量； 7. 清理焊件表面； 8. 设置挡风屏障

六、手工钨极氩弧焊机的维护及故障排除

1. 手工钨极氩弧焊机的维护保养

(1) 应及时更换烧坏的喷嘴，以保证良好的保护。

(2) 应经常注意焊枪冷却水系统工作情况，以防烧坏焊枪。

(3) 应经常注意供气系统工作情况，发现漏气时应及时解决。

(4) 必须定期检查焊接电源和控制部分继电器、接触器的工作情况，发现触头接触不良时，应及时修理或更换。

(5) 应经常保持焊机清洁，定期以干燥压缩空气进行清洁。

2. 手工钨极氩弧焊机的常见故障及排除方法　手工钨极氩弧焊机的常见故障及排除方法见表 8—6。

表 8—6　　　　手工钨极氩弧焊机的常见故障及排除方法

故障	产生原因	排除方法
控制电路有电，但焊机不能启动	1. 脚踏开关或焊炬开关接触不良； 2. 启动继电器或热继电器故障； 3. 控制变压器故障	检修
高频振荡器不振荡或振荡火花微弱	1. 高频振荡器故障； 2. 火花放电器间隙过大或过小； 3. 放电盘云母击穿； 4. 放电器电极烧坏	1. 检修； 2. 调整火花放电器间隙； 3. 更换云母片； 4. 清理调整放电器电极
高频振荡器工作正常，但引不起电弧	1. 焊接电源接触器故障； 2. 控制电路故障； 3. 焊件接触不良	检修
电弧引燃后不稳定	1. 稳弧器故障； 2. 消除直流分量的元件故障； 3. 焊接电源故障	检修
焊机启动后，无氩气输送	1. 气路阻塞； 2. 控制电路故障； 3. 电磁气阀故障； 4. 气体延时线路故障	检修

七、电渣焊机的维护及故障排除

常用的电渣焊机由机头、导轨、焊丝盘、控制箱及焊接变压器组成。它的维护保养、常见故障及排除方法见表 8—7。

表 8—7　　　　电渣焊机的维护保养、常见故障与排除方法

故障的类型	可能产生的原因	应采取的措施
1. 在焊接过程中发现焊丝不均匀送进和在机头电动机正常工作时焊接过程中断	1. 在送进机构中焊丝夹的不紧； 2. 送进滚轮的槽损坏； 3. 焊丝在导电嘴内卡住	1. 消除螺钉“打滑”现象，旋紧弹簧套筒，增加压紧滚子的压力； 2. 更换磨损的滚子； 3. 检查和更换导电嘴或调节接触压力
2. 按“向上”按钮或“向下”按钮时，机头电动机不转动	1. 电动机供电线路的触点损坏或断开； 2. 分组转换开关的触点损坏； 3. 分组转换开关的线板烧坏	1. 检查供电线路，检查熔丝、接触器、控制盘、接线柱上等是否有电压存在，以确定故障部位； 2. 和 3. 更换损坏的触点或接线板
3. 按“启动”按钮时虽然磁力接触器已接通，但不发弧	1. 焊接电路内无电流； 2. 焊丝和焊件未短路或短接不良	1. 检查 (1) 焊接线路导线连接是否正常； (2) 电源供电是否正常； 2. 重新使焊丝与焊件短路

续表

故障的类型	可能产生的原因	应采取的措施
4. 按“启动”按钮时接触器KT不工作	1. 熔丝损坏； 2. 控制线路断开； 3. 接触器绕组有故障； 4.“启动”按钮接触不良	1. 和2. 检查熔丝和控制线路； 3. 检查接触器的绕组，当线圈断开或短路时应予以更换； 4. 消除按钮触点的毛病
5. 在焊接过程中发现局部起弧过程	1. 渣池深度不够； 2. 焊接电压过高	1. 用以下方法增加渣池深度： (1) 一次供给较多熔剂以增加渣量； (2) 焊机以较快的速度向上移动； 2. 用变压器上的转换开关减少电压
6. 焊丝未短路时焊接电路中有电流通过	焊机上的绝缘损坏	检查焊机绝缘情况，查看导电部分是否经其他物体（如工具）短路，同样也应检查导电嘴与焊件是否短路
7. (1) 滑块下的熔池水平过低，熔化金属从滑块底部向下流出； (2) 滑块下熔池水平高，渣溢出	1. 由齿轮决定的焊机移动的传动速度过高； 2. 由齿轮决定的焊机移动的速度过低	调整焊机移动速度比平均焊速略大（或略小）一些
8. 焊接时滑块离开焊件，焊缝宽度和加强高度增大	1. 滑块压向焊件的力不够； 2. 装配不良，工件坡口过高	1. 拉紧滑块拉紧机构的弹簧； 2. (1) 提高装配的质量并使焊件的边缘的高度差不大于3 cm； (2) 用湿的石棉填满间隙
9. 焊件的一面未焊透	焊丝移动偏离未焊透的一面	用校正器调整焊丝位置
10. 焊缝宽度不一致并有个别地方没焊透	焊接过程不稳定，经常发生电弧过程	根据已知因素调整焊接规范
11. 焊缝宽度不够	1. 焊接电压小； 2. 焊缝间隙小	1. 增加电压； 2. 检查焊缝间隙，并加以调整
12. 焊缝一面宽一面窄，在这种情况下，焊缝窄的一面可能没有焊透	1. 焊丝离一边的滑块过远，滑块附近焊缝变窄； 2. 焊件边缘加工质量不高； 3. 一边滑块的冷却水压过高	1. 调节极限开关机构的撞块螺杆，使焊丝靠近窄焊缝和未焊透的地方； 2. 改善焊接边缘的准备工作； 3. 利用水箱上的调节阀来减低水压
13. 导电嘴中焊丝发生火花，电压表指针摆动	导电嘴中焊丝接触不良（槽损坏或触点氧化）	检查焊丝与导电嘴导电块（接触叉）的接触情况，如接触导电块已损坏，应用锯锯掉，并在锯掉的地方焊上新的铜导电块

续表

故障的类型	可能产生的原因	应采取的措施
14. 金属从一面或两面溢出	1. 钢板焊缝边缘尺寸误差过大； 2. 熔剂或冷却的渣屑落入焊件或滑块之间	1. 提高装配质量，用湿石棉填满间隙； 2. (1) 用压紧弹簧使滑块压紧； (2) 防止渣屑落入； (3) 用小锤敲动滑块，使滑块压向焊接边缘
15. 焊接时电弧露出，并在焊缝边缘的一边燃烧	1. 焊丝太靠近边缘处； 2. 导电嘴出来的焊丝偏左或偏右	1. 利用机头架上的横向校正器使焊丝移向间隙的中间； 2. 利用导电嘴横向校正螺杆，检查或调整由导电嘴里出来的焊丝
16. 在用两根（有时用三根）焊丝的焊接过程中，焊丝上的电压出现较大变化，电压差达 10～15 V	连接变压器和焊件的中线绕成圈状	将绕成的圈拉开并尽量将导线放直
17. 焊机不向上移动（垂直移动的速度指示器不动）	1. 电动机 ДВД 线路断开； 2. 焊机沿导轨的阻力很大 (1) 空转滚轮与工件的空隙过小（卡住）； (2) 有东西落入主动齿轮和齿条的啮合处	1. 修理电动机 ДВД 线路； 2. 用转动偏心轴上的滚子来调整空隙；检查并清除落入的物体
18. 由导电嘴里伸出的焊丝成圆弧状	1. 导电嘴的接触叉末端磨损； 2. 导电嘴的导向管曲率不适于工作	1. 用纵向校正螺杆来校直焊丝； 2. 用扳手弯曲导向管
19. 熔剂供给过多	量斗调整不良	1. 移动量斗中的调节套管； 2. 转动量斗的拉杆螺钉
20. 焊接开始时发现飞溅电渣过程难以建立	焊丝净伸出量过大	减少净伸出量
21. 焊接时发现飞溅电渣过程不稳定	1. 焊剂潮湿； 2. 很多铁屑落入渣池	1. 换用干燥焊剂； 2. 焊接前清除焊件边缘上的铁屑
22. 焊接过程中，在渣池水平面上发现有一根焊丝变红	导电嘴接触不良	用锉清理导电嘴的导电块

§8—2 装焊夹具的正确使用及改进

一、对装焊夹具的使用要求

装焊夹具是将工件准确定位并夹紧，用于装配和焊接的工艺装备。

通常根据产品的结构、制造工艺、生产条件以及生产批量等具体情况的不同，可以将装配和焊接合为一体，也可分开进行。

正确地选用各种装焊夹具，可缩短装配、焊接的时间，减轻工人的劳动强度，提高劳动生产率，保证产品的装配精度和焊接质量，还可充分发挥已有设备的潜力，扩大其使用范围，并有利于实现装焊作业的综合机械化和自动化。

装焊夹具一般由定位组元、夹紧机构、夹具三个部分组成。

1. 定位组元　通常构件在装配——焊接夹具中的定位方法，有三种类型：

(1) 沿平面（挡铁）定位。常用布置在所装配的构件周边的矩形板、销钉、肋缘等都可作为挡铁。按挡铁的形式和作用不同，又可分为：①固定挡铁；②可拆式挡铁；③铰接式挡铁；④可退式挡铁等种。

(2) 圆柱面（销钉）定位。利用构件上已加工的孔，套在夹具的圆柱销上定位。

定位销通常压入夹具的底座上，或用螺钉固定在底座上，或焊在底座上。根据需要可用一个或两个定位销，但不能多于两个。

定位的精度和两销中心距的精度，应根据构件上的孔的精度和两孔中心距的精度而定。

(3) V 形铁定位。当装焊具有圆柱表面构件时，利用 V 形铁定位比较方便，短的 V 形铁起两个定位支撑点作用，长的起四个定位支撑点的作用。

在制造小型圆柱形结构并且尺寸又经常变动时，最好采用可调式 V 形铁。

(4) 样板定位。借助所装配部件上某些边、面、孔来确定其他相关构件位置的定位工具称为定位样板。用它来定位小构件比较简单，方便和迅速。因此，在焊接结构制造中应用较多。

2. 夹紧机构　零件在装焊夹具上的固定，可采用压夹器、拉紧器、推撑器来固定。在固定式装焊夹具中，对机械的、气压的、液压的、电磁的压夹器都可采用。但在可移动的装焊夹具上、应以机械式的夹具为佳。当零件很高大时，应将夹紧器配置在零件重心之下，以免零件歪斜。

压夹器应配置在离受热处相当远的地方，否则应装配防护金属液体和熔渣飞溅的装置，或将螺旋压夹器改为杠杆式或偏心式压夹器。最好在一个装焊夹具上用一种形式或不多于两种形式的压夹器。焊接时常用的通用夹具的种类与使用要求，已在《电焊工技术（初级）》中作了详细介绍。

3. 夹具体　根据产品结构和装焊要求，采用若干定位元件与夹紧机构，组合在各种夹具上，完成对产品各种部件的组装和焊接工作。

二、对装焊夹具的衡量标准与改进方向

1. 满足装配和焊接工艺要求，保证产品的质量。

2. 减少辅助时间，缩短生产周期，提高劳动生产率。

3. 使用安全，操作方便，改善劳动条件。如夹紧方便可靠，装上、拆下方便，焊接位置合理，不使焊工处于难于做到的姿势操作等。

4. 装配和焊接过程中，对产品质量的检查方便、准确。

5. 容易维修和恢复原有精度，对通用性夹具，调整要简单容易等。

复　习　题

1. 埋弧自动焊机的维护保养工作包含哪些内容？

2. CO_2 气体保护焊机的维护保养工作包含哪些内容？

3. 手工钨极氩弧焊机的维护保养工作包含哪些内容？

4. 装焊夹具的使用要求是什么？

附录1 中级电焊工技能要求部分练习题评分标准

（一）成果型练习题

第一题

1. 题目名称：V形坡口板对接立焊

2. 题目内容：见图1。

（1）焊接方法：手工电弧焊。

（2）焊件母材钢号：16MnR。

（3）焊件类别

1）焊件形式：板对接。

2）焊件尺寸

$S \times B \times L = 14\text{ mm} \times 250\text{ mm} \times 300\text{ mm}$

3）焊接位置：立位。

（4）焊件坡口形式：V形坡口。

（5）焊接材料：E5015。

3. 时限：55 min。

注：时限指引弧开始至最后焊完熄弧。包括过程清理及最终清理，不包括施焊前的清理、装焊。

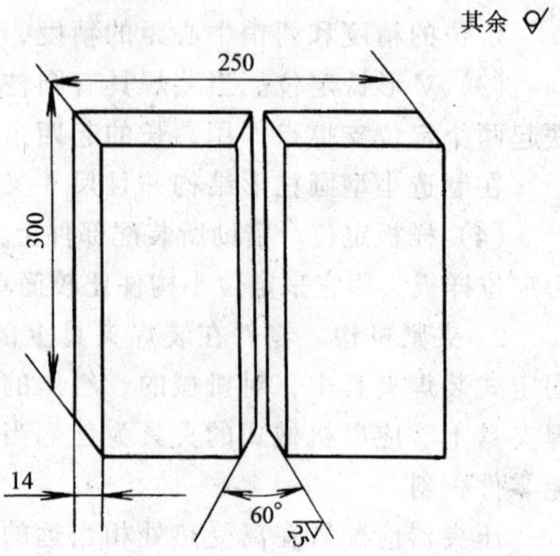

图1 V形坡口板对接立焊

技术要求

1. 单面焊双面成形；
2. 钝边高度与间隙自定；
3. 试件坡口两端不得安装引弧板；
4. 焊件一经施焊不得任意更换和改变焊接位置；
5. 点固时允许做反变形；
6. 单位：mm。

4. 使用的场地、设备、工量具

（1）场地：有良好的采光及排尘条件，具有适合各种焊接位置以及各种焊件形式的焊接胎夹具。

（2）设备、工量具

设备：AX—320型或ZXG—400型电焊机。

工量具：锤子、敲渣锤、錾子、钢丝刷、毛刷、焊条盒、钢直尺、焊缝测量器、角相砂轮机。

5. 考核配分及评分标准见表1。

表1 考核配分及评分标准

项目	序号	考核技术要求	配分	评分标准
焊缝的外观质量	1	焊缝外形尺寸：焊缝余高0～4 mm，余高差≤3 mm。焊缝宽度比坡口每侧增宽0.5～2.5 mm，宽度差≤3 mm；	15	焊缝外形尺寸有1项不符合本考核要求者扣3分，直至扣完；
	2	焊缝咬边深度≤0.5 mm；焊缝两侧咬边累计总长度不超过焊缝有效长度的40 mm；	10	焊缝两侧咬边累计总长度每5 mm扣1分。咬边深度＞0.5 mm或累计总长度＞40 mm，此项分扣完；

续表

项目	序号	考核技术要求	配分	评分标准
焊缝的外观质量	3	未焊透深度≤1.5 mm，总长度不超过焊缝有效长度的 26 mm；	10	未焊透累计总长度每 5 mm 扣 2 分。未焊透深度＞1.5 mm 或累计总长度＞26 mm 此焊件按不及格处理；
	4	背面凹坑≤2 mm，累计总长度不超过焊缝有效长度的 26 mm	10	背面凹坑累计总长度每 5 mm 扣 2 分。背面凹坑深度＞2 mm 或累计总长度＞26 mm 此项分扣完
焊后变形		试件焊后变形的角度 $\theta \leqslant 3^{\circ}$，焊件的错边量≤1.2 mm	5	焊后变形角度＞3°扣 3 分；错边量＞1.2 mm 扣 2 分
焊缝的内部质量		焊件经 X 射线探伤后，焊缝的质量达到 GB3323—87 标准中的Ⅲ级	30	Ⅰ级片 30 分；Ⅱ级片 25 分；Ⅲ级片 18 分；Ⅳ级片以下的不及格
焊缝的抗弯曲性能		将试样冷弯至 50°后，其拉伸面上不得有任何 1 个横向（沿试样宽度方向）裂纹或缺陷长度不得＞1.5 mm，也不得有 1 个纵向（沿试样长度方向）裂纹或缺陷长度不得＞3 mm	20	面弯经补样后才合格扣 8 分，背弯经补样后才合格扣 12 分，两个试样均不合格，此项分扣完
焊缝的表面状态	1	焊缝的表面应是原始状态，不允许有加工或补焊，返修焊等；		焊缝表面若有加工或补焊、返修焊等，扣除该焊件焊缝外观质量的全部配分；
	2	焊缝表面不得有裂纹、未熔合、夹渣、气孔和焊瘤等缺陷		焊缝表面若有裂纹、未熔合、夹渣、气孔和焊瘤等缺陷，均按不及格处理
安全文明生产		按国颁安全生产法规中有关本工种规定或企业自定有关规定考核		根据现场记录，视违反规定程度扣 1～10 分
时限		焊件必须在考核时限内完成		在考核时限内完成不加分；超出考核时限≤5 min扣 2 分；超出≤10 min 扣 5 分；超出规定时限 10 min 为不及格

6．操作要点

（1）看清题目内容，了解技术要求。

（2）选择合适的焊条直径，仔细检查焊条的质量。

（3）开机前认真检查各个接线部位的牢靠性以及是否正确。

（4）选择好合适的焊接规范。

（5）用砂纸或钢丝刷将焊件待焊处打光，直至露出金属光泽。

（6）定位焊时注意根部间隙，做好反变形。

（7）认真做到操作中的“一看、二听、三准”。

第二题

1．题目名称：大直径管对接垂直固定焊

2．题目内容：见图 2。

（1）焊接方法：二氧化碳气体保护半自动焊。

（2）焊件母材钢号：20。

（3）焊件类别

1）焊件形式：管对接。

2）焊件尺寸：$D \times S \times L = 133$ mm×12 mm×200 mm。

3）焊件位置：垂直固定位置。

（4）焊件坡口形式：V形坡口。

（5）焊接材料：H08Mn2SiA。

3．时限：70 min。

注：时限指引弧开始至最后焊完熄弧。包括过程清理及最终清理，不包括施焊前的清理、装焊。

4．使用的场地、设备、工量具

（1）场地：有良好的采光及排尘条件，具有适合各种焊接位置以及各种焊件形式的焊接胎夹具。

（2）设备、工量具

设备：NBC1—300型电焊机。

工量具：锤子、錾子、钢丝刷、钢直尺、焊缝测量器、角相砂轮机、钢丝钳。

5．考核配分及评分标准见表2。

6．操作要点

（1）看清题目内容，了解技术要求。

（2）开机使用前，应检查各接线部位是否正确、牢靠。焊机启动后仔细检查焊机的电路、气路系统工作情况是否正常。

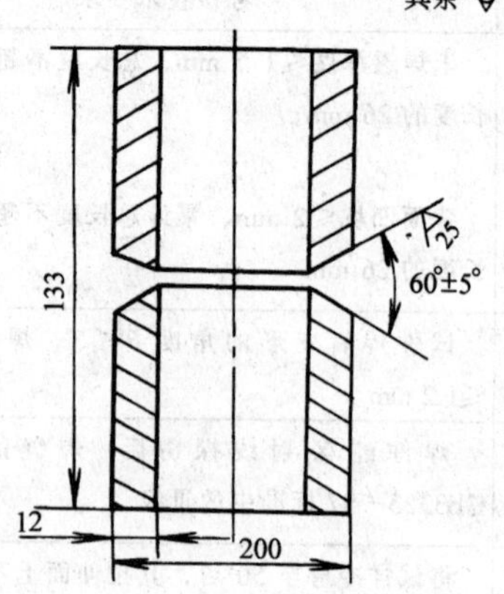

图2　大直径管对接垂直固定焊

技术要求

1．单面焊双面成形；

2．钝边高度与间隙自定；

3．焊件一经施焊，不得任意更换和改变焊接位置；

4．打底焊接头时允许修磨；

5．单位：mm。

（3）选择合适的焊接电流、电弧电压及气体流量。

（4）选择合适的焊丝直径，并确保焊丝的质量。

（5）用砂纸或钢丝刷打光焊件待焊处，直至露出金属光泽。

（6）注意操作方法的正确性，确保 CO_2 气体对熔池的保护作用。

（7）定位焊注意保证管子轴线对正，三点定位。

表2　考核配分及评分标准

项目	序号	考核技术要求	配分	评分标准
焊缝的外观质量	1	焊缝的外形尺寸：正面焊缝余高0～4 mm，焊缝余高差≤3 mm，焊缝宽度比坡口每侧增宽0.5～2.5 mm，宽度差≤3 mm；背面焊缝余高0～3 mm；	16	焊缝的外形尺寸有1项以上不符合本考核项目要求者扣4～16分；
	2	焊缝的咬边深度≤0.5 mm，且焊缝两侧咬边累计总长度≤85 mm；	12	焊缝咬边深度≤0.5 mm，焊缝两侧咬边累计总长度每20 mm扣3分，咬边深度>0.5 mm或咬边累计总长度>85 mm，配分扣完；
	3	未焊透深度≤1.5 mm，累计总长度≤42 mm；	12	未焊透总长度每10 mm扣3分，未焊透深度>1.5 mm或累计总长度>42 mm，按不及格处理；
	4	背面凹坑深度≤2 mm，累计总长度≤42 mm	10	背面凹坑累计总长每10 mm扣2分，背面凹坑深度>2 mm或总长度>42 mm，配分扣完

续表

项目	序号	考核技术要求	配分	评分标准
焊缝的内部质量		试件经X射线探伤后，焊缝的质量须达到GB3323—87标准中的Ⅲ级	30	Ⅰ级片30分；Ⅱ级片25分；Ⅲ级片18分；Ⅳ级片以下为不合格
焊缝的抗弯曲性能		将试件冷弯至90°后，其拉伸面上不得有任何一个横向（沿试样宽度方向）裂纹或缺陷的长度不得＞1.5 mm，也不得有任何1个纵向（沿试样长度方向）裂纹或缺陷的长度不得＞3 mm	20	面弯经补样后才合格扣8分，背弯经补样后才合格扣12分。两个试样均不合格，此项分扣完
焊缝的表面状态	1	焊缝的表面应是原始状态，不允许有加工或补焊，返修焊等；		焊缝表面若有加工或补焊、返修焊等，扣除该焊件的焊缝外观质量的全部配分；
	2	焊缝表面不允许有裂纹、未熔合、夹渣、气孔和焊瘤等缺陷		焊缝表面有裂纹、未熔合、夹渣、气孔和焊瘤等缺陷，均按不及格处理
安全文明生产		按国颁安全生产法规中有关本工种规定或企业自定有关规定考核		根据现场记录，视违反规定的程度扣1～10分
时限		焊件必须在考核时限内完成		在考核时限内完成不扣分；超出考核时限≤5 min扣2分；超出≤10 min扣5分；超出10 min为不及格

第三题

1. 题目名称：管板（骑座式）水平固定焊。

2. 题目内容：见图3。

(1) 焊接方法：手工钨极氩弧焊。

(2) 焊件母材钢号20。

(3) 焊件类别

1）焊件形式：管板（骑座式）。

2）焊件尺寸：

$D \times S \times L = 51\ \text{mm} \times 3\ \text{mm} \times 100\ \text{mm}$；

$S \times B \times B = 12\ \text{mm} \times 100\ \text{mm} \times 100\ \text{mm}$。

3）焊件位置：水平固定。

(4) 焊件坡口形式：单边V形坡口。

(5) 焊接材料：H08Mn2SiA。

3. 时限：30 min。

注：时限指引弧开始至最后焊完熄弧。包括过程清理及最终清理，不包括施焊前的清理、装焊。

4. 使用的场地、设备、工量具

(1) 场地：有良好的采光及排尘条件，具有适合各种焊接位置以及各种焊件形式的焊接胎夹具。

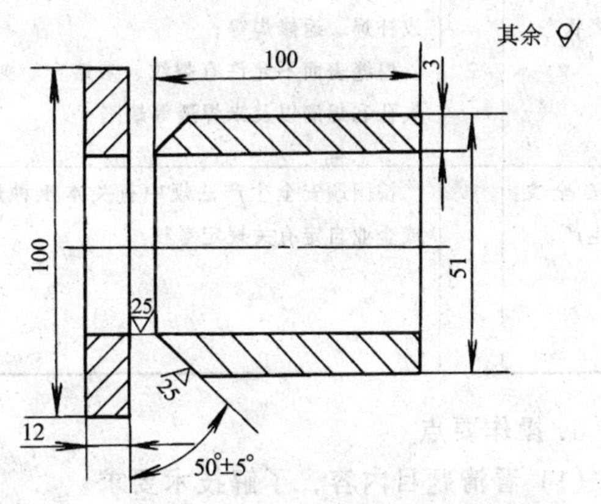

图3 管板（骑座式）水平固定焊

技术要求

1. 单面焊双面成形；
2. 钝边高度与间隙自定；
3. 焊件仿照时钟钟点位置打上焊接位置的钟点记号后，严格按照钟点位置固定焊件，且定位焊不得在6点处；
4. 打底焊接头时允许修磨；
5. 单位：mm。

(2) 设备、工量具

设备：NSA—300 型电焊机。

工量具：锤子、錾子、钢丝刷、钢直尺、焊缝测量器、角相砂轮机、角尺。

5. 考核配分及评分标准见表 3。

表 3　　考核配分及评分标准

项目	序号	考核技术要求	配分	评分标准
焊缝的外观质量	1	焊缝的外形尺寸：焊缝的焊脚为 8±2 (mm)，凸度或凹度≤1.5 mm；	23	焊脚不符合尺寸扣 5～13 分，凸凹度不符合要求扣 4～10 分；
	2	焊缝咬边深度≤0.5 mm，焊缝两侧咬边累计总长度≤32 mm；	20	焊缝两侧咬边累计总长度每 5 mm 扣 3 分，咬边深度>0.5 mm 或焊缝两侧咬边累计总长>32 mm，扣除全部配分
	3	通球检验，通球直径为 40 mm	20	通球检验不合格，则配分扣完
焊缝的内部质量		金相试样检查面经宏观检验应符合下列要求：		
	1	没有裂纹和未熔合；	15	若有裂纹和未熔合按下及格处理；
	2	没有未焊透；	12	若有未焊透按不及格处理；
	3	气孔和夹渣的最大尺寸不超过 1.5 mm，当气孔或夹渣大于 0.5 mm，不大于 1.5 mm时，其数量不多于 1 个；当只有小于或等于 0.5 mm 的气孔或夹渣时，其数量不多于 3 个	10	此项考核要求中凡有 1 项不符合要求者扣 3 分
焊缝的外表状态	1	焊缝表面应是原始状态，不允许有加工或补焊、返修焊等；		焊缝表面若有加工或补焊、返修焊等，扣除该焊件焊缝外观质量的全部配分；
	2	焊缝表面不允许有裂纹、未熔合、夹渣、气孔和焊瘤以及未焊透等缺陷		焊缝表面有裂纹、未熔合、夹渣、气孔和焊瘤以及未焊透等缺陷，均按不及格处理
安全文明生产		按国颁安全生产法规中有关本工种规定或企业自定有关规定考核		根据现场记录，视违反规定的程度扣 1～10 分。在考核时限内完成不加分；超出考核时限≤5 min 扣 2 分；超出≤10 min 为不及格

6. 操作要点

(1) 看清题目内容，了解技术要求。

(2) 选择合适的焊丝直径，认真检查焊丝的质量。

(3) 开机使用前，应检查各接线部位是否正确、牢靠。仔细检查焊机的电路、水路和气路系统工作情况是否正常。

(4) 选择合适的焊接电流、电弧电压及氩气流量。

(5) 用砂纸或钢丝刷打光焊件待焊处，直至露出金属光泽，必要时用丙酮清洗干净。

(6) 注意操作中焊枪随管子圆周的变化而调整，确保氩气对熔池的保护作用。

(7) 定位焊注意管子与孔板相垂直，内孔壁保持同心，二点定位。

第四题

1. 题目名称：小直径管对接垂直固定焊。

2. 题目内容：见图4。

(1) 焊接方法：手工钨极氩弧焊。

(2) 焊件母材钢号：20。

(3) 焊件类别

1) 焊件形式：管对接。

2) 焊件尺寸：$D \times S \times L = 42\ \text{mm} \times 5\ \text{mm} \times 200\ \text{mm}$。

3) 焊件位置：垂直固定位置。

(4) 焊件坡口形式：V形坡口。

(5) 焊接材料：H08Mn2SiA。

3. 时限：120 min。

注：时限指引弧开始至最后焊完熄弧。包括过程清理及最终清理，不包括焊前的清理、装焊。

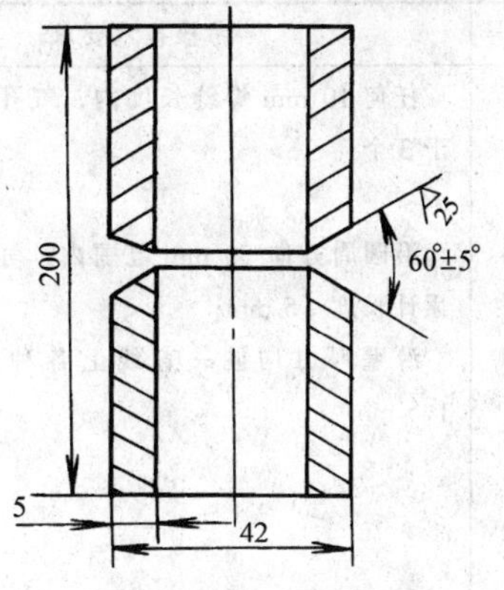

图4 小直径管对接垂直固定焊

技术要求

1. 单面焊双面成形；
2. 钝边高度与间隙自定；
3. 焊件一经施焊，不得任意更换和改变焊接位置；
4. 打底焊接头时允许修磨；
5. 试件数量2件；
6. 单位：mm。

4. 使用的场地、设备、工量具

(1) 场地：有良好的采光及排尘条件，具有适合各种焊接位置以及各种焊件形式的焊接胎夹具。

(2) 设备、工量具

设备：NSA4—300型电焊机。

工量具：锤子、錾子、钢丝刷、钢直尺、焊缝测量器、角相砂轮机。

5. 考核配分及评分标准见表4。

表4　　考核配分及评分标准

项目	序号	考核技术要求	配分	评分标准
焊缝的外观质量	1	焊缝外形尺寸：焊缝余高0~4 mm，余高差≤3 mm，正面焊缝宽度比坡口每侧增宽0.5~2.5 mm，宽度差≤3 mm；	10	焊缝尺寸有1项以上不符合本考核要求扣2~10分；
	2	焊缝咬边深度≤0.5 mm，焊缝两侧咬边累计总长度≤26 mm；	10	焊缝两侧咬边总长度每5 mm扣2分，咬边深度>0.5 mm或累计总长度>26 mm按不及格处理；
	3	背面凹坑深度≤1 mm，累计总长度≤13 mm；	8	背面凹坑累计总长度每4 mm扣2分；背面凹坑深高>1 mm或总长度>13 mm，按不及格处理；
	4	通球检验，通球直径为31 mm	10	通球检验不合格配分扣完
焊后变形		焊后焊件的角变形≤1 mm，错边量≤0.5 mm	8	角变形>1 mm扣5分；错边量>0.5 mm扣3分
焊缝的内部质量	1	断口检验，断面无裂纹和未熔合；	8	断面上若有裂纹和未熔合，按不及格处理；
	2	不允许存在未焊透；	6	有未焊透缺陷即按不及格处理；
	3	单个气孔沿径向≤1.5 mm；沿轴向或周向≤2 mm；	4	在考核范围内的气孔扣2分，超出考核范围的气孔扣完配分；
	4	单个夹渣沿径向≤1.2 mm，沿轴向或周向≤1.5 mm；	4	在本考核范围内的夹渣扣2分，超出考核范围的夹渣扣完配分；

续表

项目	序号	考核技术要求	配分	评分标准
焊缝的内部质量	5	任何 10 mm 焊缝长度内，气孔或夹渣不多于 3 个；	4	在任何 10 mm 焊缝长度内，气孔或夹渣少于 2 个得 4 分，少于或等于 3 个得 3 分，超出考核范围扣完配分；
	6	沿圆周方向 50 mm 范围内，气孔和夹渣的累计长度≤5 mm；	4	在本考核范围内的缺陷扣 2 分，超出考核范围的缺陷扣完配分；
	7	沿壁厚方向同一直线上各种缺陷总和≤1.5 mm	4	超出本考核要求的范围扣完配分 若第 3 项～第 7 项考核内容均不符合考核要求，则此焊件按不及格论。且两个试样检验结果均符合考核要求才合格，否则为不及格
焊缝的抗弯曲性能		将试样冷弯至 90°后，其拉伸面上不得有任何 1 个横向（沿试样宽度方向）裂纹或缺陷长度不得＞1.5 mm，也不得有任何 1 个纵向（沿试样长度方向）裂纹或缺陷的长度不得＞3 mm	20	面弯经补样后才合格扣 8 分，背弯经补样后才合格扣 12 分，两个试样均不合格此项分扣完
焊缝的表面状态	1	焊缝表面应是原始状态，不允许有加工或补焊、返修焊等；		焊缝表面若有加工或补焊、返修焊等，扣除该焊件焊缝外观质量的全部配分；
	2	焊缝表面不允许有裂纹、未熔合、夹渣、气孔和焊瘤以及未焊透等缺陷		焊缝表面有裂纹、未熔合、夹渣、气孔和焊瘤以及未焊透等缺陷按不及格处理
安全文明生产		按国颁安全生产法规中有关本工种规定或企业自定有关规定考核		根据现场记录，视违反规定的程度扣 1～10 分
时限		焊件必须在考核时限内完成		在考核时限内完成不扣分，超出≤5 min 扣 2 分；超出≤10 min 扣 5 分；超出 10 min 按不及格处理

6. 操作要点

(1) 看清题目内容，了解技术要求。

(2) 选择合适的焊丝直径，认真检查焊丝质量。

(3) 开机前，应认真检查各接线部位是否正确、牢靠。仔细检查焊机的电、气路及水路系统工作情况是否正常。

(4) 选择合适的焊接电流、电弧电压及氩气流量。

(5) 用砂纸或钢丝刷打光焊件待焊处，直至露出金属光泽，必要时用丙酮清洗干净。

(6) 操作中注意确保氩气对接头熔池的保护作用。

(7) 定位焊注意保证管子轴线对正间隙适当，定位焊两端打磨成斜坡，一点定位。

第五题

1. 题目名称：小直径管对接垂直固定焊。

2. 题目内容：见图 5。

(1) 焊接方法：组合焊（Ws/D）。

(2) 焊件母材钢号：20。

(3) 焊件类别

1) 焊件形式：管对接。

2) 焊件尺寸：

$D \times S \times L = 60\ \text{mm} \times 5\ \text{mm} \times 200\ \text{mm}$。

3) 焊件位置：垂直固定位置。

(4) 焊件坡口形式：V 形坡口。

(5) 焊接材料：焊丝　H08Mn2SiA；

焊条　E4303（或 E4315）。

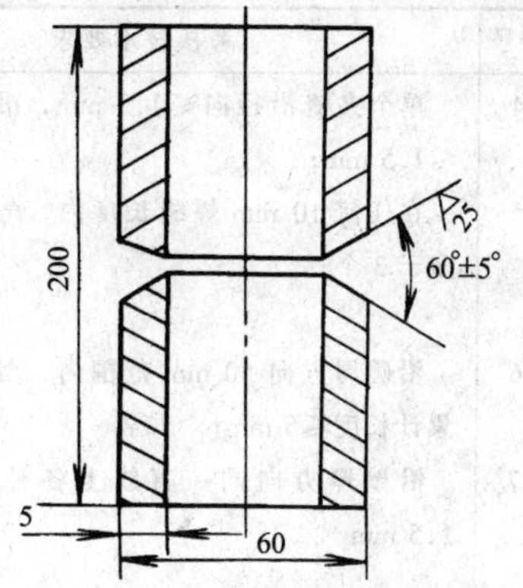

图 5　小直径管对接垂直固定焊

技术要求

1. 单面焊双面成形；
2. 钝边高度与间隙自定；
3. 焊件一经施焊，不得任意更换和改变焊接位置；
4. 打底焊接头时允许修磨；
5. 试件数量 2 件；
6. 单位：mm。

3. 时限：120 min。

注：时限指引弧开始至最后焊完熄弧。包括过程清理及最终清理，不包括施焊前的清理、装焊。

4. 使用的场地、设备、工量具

(1) 场地：有良好的采光及排尘条件，具有适合各种焊接位置以及各种焊件形式的焊接胎夹具。

(2) 设备、工量具

设备：NSA4—300　AX—320 或 ZX5—400 电焊机。

工量具：锤子、敲渣锤、扁錾、钢丝刷、毛刷、焊条盒、钢直尺、焊缝测量器、角相砂轮机。

5. 考核配分及评分标准见表 5。

表 5　考核配分及评分标准

项　目	序号	考核技术要求	配分	评　分　标　准
焊缝的外观质量	1	焊缝的外形尺寸：焊缝余高 0～4 mm，余高差≤3 mm，焊缝宽度比坡口每侧增宽 0.5～2.5 mm，宽度差≤3 mm；	10	焊缝尺寸有 1 项以上不符合本考核要求者，扣 2～10 分；
	2	焊缝咬边深度≤0.5 mm，焊缝两侧咬边累计总长度≤37 mm；	10	焊缝两侧咬边累计总长度每 7 mm 扣 2 分，咬边深度＞0.5 mm 或累计总长度＞37 mm，按不及格处理；
	3	背面凹坑深度≤1 mm，累计总长度≤18 mm；	8	背面凹坑累计总长度每 4 mm 扣 2 分，背面凹坑深度＞1 mm 或总长度＞18 mm，按不及格处理；
	4	通过检验，通球直径为 46 mm	10	通球检验不合格配分扣完
焊后变形		焊后焊件的角变形≤1 mm，错边量≤0.5 mm	8	角变形＞1 mm 扣 5 分；错边量＞0.5 mm 扣 3 分
焊缝的内部质量	1	断口检验，断面无裂纹和未熔合；	8	断面上若有裂纹和未熔合，按不及格处理；
	2	不允许存在未焊透；	6	有未焊透缺陷即按不及格处理；
	3	单个气孔沿径向≤1.5 mm，沿轴向或周向≤2 mm；	4	在本考核范围内的气孔扣 2 分，超出本考核范围的气孔扣完配分；

续表

项目	序号	考核技术要求	配分	评分标准
焊缝的内部质量	4	单个夹渣沿径向≤1.2 mm，沿轴向或周向≤1.5 mm；	4	在本考核范围内的夹渣扣2分；超出本考核范围的夹渣扣完配分；
	5	在任何10 mm焊缝长度内，气孔或夹渣不多于3个；	4	在任何10 mm焊缝长度内，气孔和夹渣少于2个得4分，少于或等于3个得3分，超出考核范围扣完配分；
	6	沿圆周方向50 mm范围内，气孔或夹渣的累计长度≤5 mm；	4	在本考核范围内的缺陷扣2分，超出本考核范围的缺陷扣完配分；
	7	沿壁厚方向同一直线上各种缺陷总和≤1.5 mm	4	超出本考核要求的范围扣完配分 若第3项～第7项考核内容均不符合考核要求，则此焊件按不及格处理。两个断口试样检验结果均符合考核要求才为合格，否则为不及格
焊缝的抗弯曲性能		将试件冷弯至90°后，其拉伸面上不得有任何1个横向（沿试样宽度方向）裂纹或缺陷长度不得＞1.5 mm，也不得有任何一个纵向（沿试样长度方向）裂纹或缺陷的长度不得＞3 mm	20	面弯经补样后才合格扣8分；背弯补样后才合格扣12分，两个试样均不合格此项配分扣完
焊缝的表面状态	1	焊缝表面应是原始状态，不允许有加工或补焊、返修焊等；		焊缝表面若有加工或补焊、返修焊等，扣除该焊件焊缝外观质量的全部配分；
	2	焊缝表面不允许有裂纹、未熔合、夹渣、气孔和焊瘤以及未焊透等缺陷		焊缝表面有裂纹、未熔合、夹渣、气孔和焊瘤以及未焊透等缺陷，均按不及格处理
安全文明生产		按国颁安全生产法规中有关本工种规定或企业自定有关规定考核		根据现场记录，视违反规定的程度扣1～10分
时限		焊件必须在考核时限内完成		在考核时限内完成不加分；超出考核时限≤5 min扣2分；超出≤10 min扣5分；超出10 min按不及格处理

6．操作要点

（1）看清题目内容，了解技术要求。

（2）选择合适的焊丝、焊条直径，认真检查焊材的质量。

（3）开机前，应认真检查各接线部位是否正确、牢靠，仔细检查焊机的电、气路及水路系统工作情况是否正常。

（4）选择合适的TIG焊及手工电弧焊接规范。

（5）用砂纸或钢丝刷打光焊件待焊处，直至露出金属光泽，必要时用丙酮清洗干净。

（6）打底焊注意确保氩气对接头熔池的保护作用。

（7）定位焊注意保证管子轴线对正，间隙适当，定位焊两端打磨成斜波，一点定位。

（二）操作过程型练习题

第一题

1. 题目名称：I形坡口板对接平焊。

2. 题目内容：见图6。

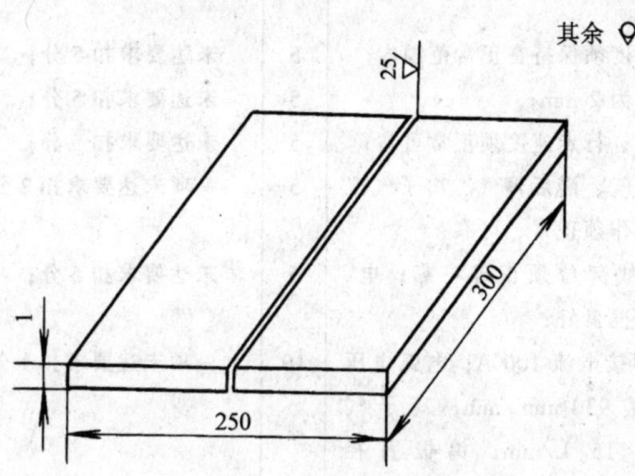

图6　I形坡口板对接平焊

技术要求

1. 单面焊双面成形；
2. 间隙自定；
3. 自熔；
4. 单位：mm。

（1）焊接方法：等离子弧焊。

（2）焊件母材钢号：1Cr18Ni9Ti。

（3）焊件类别

1）焊件形式：板对接。

2）焊件尺寸：$S \times B \times L = 1\ \text{mm} \times 250\ \text{mm} \times 300\ \text{mm}$。

3）焊接位置：平位。

（4）焊件坡口形式：I形坡口。

（5）焊接材料：自熔。

3. 时限：20 min。

注：时限指引弧开始至最后焊完熄弧。包括过程清理及最终清理，不包括施焊前的清理、装焊。

4. 使用的场地、设备、工量具

（1）场地：有良好的采光及排尘条件，具有适合各种焊接位置以及各种焊件形式的焊接胎夹具。

（2）设备、工量具

设备：LH—300型自动等离子弧焊机。

工量具：锤子、錾子、钢丝刷、钢直尺、焊缝测量器、角相砂轮机。

5. 考核配分及评分标准见表6。

表 6　　考核配分及评分标准

项目	序号	考核技术要求	配分	评分标准
操作前的准备工作	1	检查喷嘴端面须清洁无污物；	5	未达要求扣 5 分；
	2	检查钨极夹持及导电情况须良好；	5	未达要求扣 5 分；
	3	检查焊枪中离子气、保护气道通畅；进出水道通畅；	5	一项未达要求扣 2 分；
	4	钨极与喷嘴的同心度须保持在正常范围内；	5	未达要求扣 5 分；
	5	调整钨极内缩长度为 2 mm；	5	未达要求扣 5 分；
	6	检查自动小车离合、行走速度须正常可靠；	5	未达要求扣 5 分；
	7	检查焊机的导前送气、滞后停气、离子气流衰减等延时系统的工作须正常、可靠；	5	一项未达要求扣 2 分；
	8	检查焊机的各接线部位须正确牢靠；电、气、水路系统工作情况良好；	5	未达要求扣 5 分；
	9	焊接工艺参数：焊接电流 100 A；电弧电压 19.5 V；焊接速度 930 mm/min；离子气 1.9 L/min；保护气 15 L/min；钨极直径 2.5 mm；喷嘴孔长/喷嘴孔径 2.2/2 mm；喷嘴至工件距离 3～3.4 mm；	10	一项未达要求扣 1 分；
	10	清除焊件坡口及其正反两侧 20 mm 范围内的油、锈等污物，至露出金属光泽，并用丙酮清洗干净；	5	未达要求扣 5 分；
	11	装配间隙 0～0.2 mm；6 点均布定位，点固后须矫平，再水平装夹牢固；	5	未达要求扣 5 分；
	12	焊接过程中须随时掌握焊接工艺参数的变化、等离子弧的对中情况，及时调正误差变化	10	未达要求扣 1～10 分
焊缝的外观质量	1	焊道成形美观均匀一致；	10	未达要求扣 1～10 分；
	2	焊缝不直度（指焊缝中心线扭曲或偏斜）≤ 2 mm；	10	未达要求扣 10 分；
	3	焊后焊件的错边量≤0.1 mm	10	未达要求扣 10 分
焊缝的表面状态	1	焊缝表面应是原始状态，不允许有加工或补焊、返修焊等；		焊缝表面若有加工或补焊、返修焊等，扣除该焊件焊缝外观质量的全部配分；
	2	焊缝表面不允许有裂纹、未熔合、气孔和焊瘤以及未焊透、咬边和凹坑		焊缝表面若有裂纹、未熔合、气孔和焊瘤以及未焊透、咬边和凹坑按不及格处理
安全文明生产		按国颁安全生产法中有关规定或企业自定有关规定考核		根据现场记录，按违反规定的程度扣 1～10 分
时限		焊件必须在考核时限内完成		在考核时限内完成不加分；超出考核时限≤5 min扣 2 分；超出≤10 min 扣 5 分；超出＞10 min为不及格

6. 操作要点

(1) 看清题目内容，了解技术要求。

(2) 认真完成操作前的各项检查、调试等准备工作。

(3) 开机使用前，应检查各接线部位是否正确、牢靠。仔细检查焊机的电、水、气路系统工作情况是否正常。

(4) 调配好合适的焊接工艺参数。

(5) 确保焊件待焊处的清理符合要求。

(6) 注意钨极端部的磨削符合要求。

(7) 操作过程中确保等离子弧对中，随时注意焊接工艺参数的变化，及时加以修正。

第二题

1. 题目名称：I 形坡口板对接平焊。

2. 题目内容见图 7。

(1) 焊接方法：丝极电渣焊。

(2) 焊件母材钢号：20g。

(3) 焊件类别

1) 焊件形式：板对接。

2) 焊件尺寸：

$S \times B \times L = 90\ \text{mm} \times 500\ \text{mm} \times 1000\ \text{mm}$。

3) 焊接位置：垂直位置。

(4) 焊件坡口形式：I 形坡口。

(5) 焊接材料：焊丝 H10Mn2；焊剂 HJ360。

3. 时限：90 min。

注：时限指引弧开始至最后焊完熄弧。包括过程清理及最终清理，不包括施焊前的清理、装焊。

4. 使用的场地、设备、工量具

(1) 场地：有良好的采光及排尘条件，具有适合各种焊接位置以及各种焊件形式的焊接胎夹具。

(2) 设备、工量具

设备：HS—1000 型电渣焊机。

工量具：锤子、錾子、钢丝刷、钢直尺、角相砂轮机、木条或竹片。

5. 考核配分及评分标准见表 7。

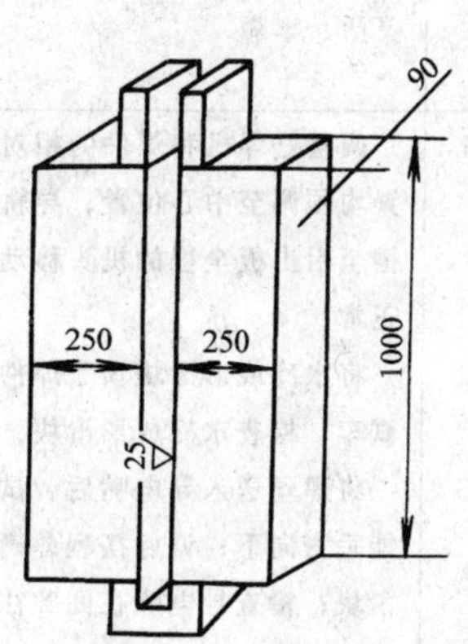

图 7　I 形坡口板对接平焊

技术要求

1. 双面成形；

2. 经气割出的坡口边缘应成直角，表面不得有深度>3 mm、宽度>5 mm 的凹坑，波浪度>1.5 mm/m，全长不得超过 4 mm，并经打磨；

3. 安装引弧板及引出板，装配间隙自定；

4. 单位：mm。

表 7　考核配分及评分标准

项目	序号	考核技术要求	配分	评分标准
焊前准备	1	焊件坡口 100 mm 范围内无损探伤应无缺陷；	3	未达要求扣 3 分；
	2	焊件装配须校正平直，平面错边≤2 mm；	3	未达要求扣 3 分；

续表

项目	序号	考核技术要求	配分	评分标准
焊前准备	3	装配间隙下端 30 mm、上端 28 mm；∏形码板距焊件两端 200～300 mm 且间距 1.0～1.5 mm，焊脚尺寸≮30 mm；	5	一项未达要求扣 1 分；
	4	引出板须与焊件等厚；高度为 70～80 mm；引弧板高度为 50～100 mm	3	未达要求扣 3 分
焊接工卡具准备	1	对水冷成形滑块进行认真检查、校平，使其与焊件贴合无明显缝隙，保证无渗漏，且下进水、上出水道畅通；	3	未达要求扣 3 分；
	2	检查水冷成形滑块支撑装置的调节、紧固须灵活、牢靠	3	未达要求扣 3 分
焊前设备调试	1	调整好焊机和焊件的相对位置，所有可调位置均须调至中心位置；导轨长度要保证由起焊槽至引出板全程的机头移动，且空车上下行走正常；	5	一项未达要求扣 2 分，直至扣完；
	2	将水冷成形滑块顶紧焊件后，开机上下行走试车，检查水冷成形滑块，须紧贴焊件；	3	未达要求扣 3 分；
	3	将焊丝送入导电嘴后，试送进焊丝，焊丝须能垂直向下；调好摆程，确保不会碰水冷成形滑块；检查导电嘴在间隙往复摆动过程中焊丝仍处于间隙中心位置，并与水冷成形滑块有适当的距离；	5	一项未达要求扣 1 分，直至扣完；
	4	空载试车检查焊机上升、摆动和送丝各机构，运转均须正常；	3	未达要求扣 3 分；
	5	检查冷却水系统须完好、通畅	3	未达要求扣 3 分
焊接过程操作	1	引弧造渣时焊丝伸出长度 40～50 mm；引出电弧后加入焊剂要及时均匀；	5	一项未达要求扣 2 分；
	2	焊接过程中，须保持焊接工艺参数的稳定，及时观察调整；	3	未达要求扣 3 分；
	3	随时观察调整焊丝，使其处于装配间隙的中心，保持与水冷滑块的距离符合要求；	3	未达要求扣 3 分；
	4	经常检查水冷成形滑块的出水温度及流量符合要求；	3	未达要求扣 3 分；
	5	焊接工艺参数：焊丝数量 2 根；装配间隙 30～38 mm；焊接电压 42～48 V；焊接电流 450～550 A；渣池深度 55～65 mm；焊丝伸出长度 80 mm；焊丝间距 50～60 mm；焊丝摆动速度 39 m/h；焊丝距滑块距离 10 mm；焊丝停留时间 3 s；焊接速度 1.2～1.4 m/h；焊丝送进速度 200～300 m/h；	12	一项不符合要求扣 1 分，直至扣完；

续表

项目	序号	考核技术要求	配分	评分标准
焊接过程操作	6	坡口面及其正反两侧各 40 mm 范围内的油、锈、氧化铁等污物，彻底清除干净，至露出金属光泽	5	未达要求扣 5 分
焊缝的外观质量	1	焊缝不直度≯2 mm；焊缝宽度差≯2 mm；	10	焊缝不直度＞2 mm，扣 5 分；焊缝宽度差＞2 mm扣 5 分，二项均不符合要求，配分扣完；
	2	焊缝表面应是原始状态，不允许有加工或补焊、返修焊等；	10	焊缝表面若有加工或补焊、返修焊等，扣除焊缝外观质量的全部配分；
	3	焊缝表面不允许有裂纹、未熔合、气孔和焊瘤以及未焊透、咬边和凹坑	10	焊缝表面若有裂纹、未熔合、气孔和焊瘤以及未焊透、咬边和凹坑等，按不及格处理
安全文明生产		按国颁安全生产法规中有关本工种规定或企业自定有关规定考核		根据现场记录，按违反规定的程度扣 1～10 分
时限		焊件必须在考核时限内完成		在考核时限内完成不扣分；超出考核时限≤5 min扣 2 分；超出≤10 min 扣 5 分；超出 10 min为不及格

6. 操作要点

(1) 看清题目内容，了解技术要求。

(2) 按照规范要求，认真完成焊件的装配、点固。

(3) 认真完成操作前工卡具的检查、校正工作，直到符合要求。

(4) 认真完成焊前设备调试的各项准备工作，直到符合要求。

(5) 选择好合适的焊接工艺参数。

(6) 正常的焊接过程中注意保持焊接工艺参数的稳定，及时调整变化误差。

(7) 随时注意焊丝和导电嘴的位置，防止侧壁打弧、短路。

(8) 随时注意滑块与焊件间的间隙，以防漏渣；出现漏渣要迅速降低送丝速度，并加入适量焊剂，以保证渣池深度。

(9) 收尾要充分利用引出板，将易产生缺陷的尾部引出焊件之外，并注意逐渐降低电压和电流。

(三) 成果和操作过程结合型练习题

第一题

1. 题目名称：V 形坡口板对接立焊。

2. 题目内容：见图 8。

(1) 焊接方法：二氧化碳气体保护半自动焊。

(2) 焊件母材钢号：20g。

(3) 焊件类别

1) 焊件形式：板对接。

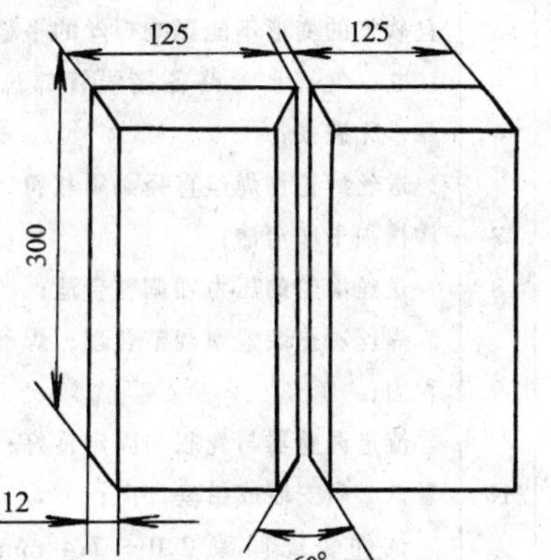

图 8 V 形坡口板对接立焊

技术要求

1. 单面焊双面成形；

2. 钝边高度与间隙自定；

3. 试件一经施焊，不得任意更换和改变焊接位置；

4. 点固焊时允许做反变形；

5. 单位：mm。

2）焊件尺寸：$S \times B \times L$ = 12 mm×250 mm×300 mm。

3）焊接位置：立位。

(4) 焊件坡口形式：V 形坡口。

(5) 焊接材料：H08Mn2SiA。

3. 时限：45 min。

注：时限指引弧开始至最后焊完熄弧。包括过程清理及最终清理，不包括焊前的清理、装焊。

4. 使用的场地、设备、工量具

(1) 场地：有良好的采光及排尘条件，具有适合各种焊接位置以及各种焊件形式的焊接胎夹具。

(2) 设备、工量具

设备：NBC—300 电焊机。

工量具：锤子、錾子、钢丝刷、钢直尺、焊缝测量器、角相砂轮机。

5. 考核配分及评分标准见表 8。

表 8　考核配分及评分标准

项目	序号	考核技术要求	配分	评分标准
操作前的准备工作	1	喷嘴必须清洁干净，且安装紧固；变形程度不能产生严重偏流；	3	未达要求扣 3 分；
	2	分流环须完好无损且无堵塞；	3	未达要求扣 3 分；
	3	导电嘴紧固良好；气体、焊丝通过情况良好；	3	未达要求扣 3 分；
	4	焊枪外壳的气孔、弹簧软管均不允许堵塞。且软管的变形不能影响焊丝的平稳送进；	3	未达要求扣 3 分；
	5		3	未达要求扣 3 分；
	6	电、气、水管路各接线管部位必须正确牢靠，无破损；	3	未达要求扣 3 分；
	7	送丝滚轮与焊丝直径必须相符，且送丝滚轮沟槽须干净清洁；	3	未达要求扣 3 分；
	8	送丝滚轮的压力须调整合适；	3	未达要求扣 3 分；
	9	焊丝矫正装置须调整合理；焊丝绕线架安装稳固；	3	未达要求扣 3 分；
	10	流量调整器与气瓶的固定良好；浮标式的流量计必须安装成铅垂方向；	6	一项不符合要求扣 2 分；
	11	试件装配间隙 2.0～2.4 mm；钝边 0～0.5 mm；定位焊长度 10～15 mm	5	未达要求扣 5 分；
	12	坡口内及正反两侧 20 mm 范围内无油、锈、水等污物，打磨至露出金属光泽； 焊接工艺参数：焊丝直径 ϕ1.2 mm；焊丝伸出长度 20～25 mm；焊接电流，打底、填充、盖面层分别为 100～110 A、120～130 A、120～130 A；电弧电压分别为 18～19 V、18～20 V、18～20 V；气体流量为 15 L/min	12	一项未达要求扣 4 分，直至配分扣完

续表

项目	序号	考核技术要求	配分	评分标准
焊缝的外观质量	1	焊缝外形尺寸：焊缝余高0～4 mm，余高差≤3 mm，焊缝宽度比坡口每侧增宽0.5～2.5 mm，宽度差≤3 mm；	5	焊缝外形尺寸有一项不符合本考核要求扣1分；
	2	焊缝咬边深度≤0.5 mm；焊缝两侧咬边累计总长度不超过焊缝有效长度范围内的40 mm；	4	焊缝两侧咬边累计总长度每10 mm扣1分。咬边深度＞0.5 mm或累计总长度＞40 mm，此项分扣完；
	3	未焊透深度≤1.5 mm，总长度不超过焊缝有效长度范围内的26 mm；	4	未焊透累计总长度每6 mm扣1分。未焊透深度＞1.5 mm或累计总长度＞26 mm，此焊件按不及格处理；
	4	背面凹坑深度≤2 mm，累计总长度不超过焊缝有效长度的26 mm；	4	背面凹坑累计总长度每6 mm扣1分。背面凹坑深度＞2 mm或累计总长度＞26 mm，此项分扣完；
	5	试件焊后变形的角度 $\theta \leqslant 3^{\circ}$；错边量≤1.2 mm	3	焊后变形的角度＞3°扣2分；错边量＞1.2 mm扣1分
焊缝的内部质量		焊件经X射线探伤后，焊缝的质量达到GB3323—87标准中的Ⅲ级	20	Ⅰ级片20分；Ⅱ级片15分；Ⅲ级片8分；Ⅳ级片以下为不及格
焊缝的抗弯曲性能		将试样冷弯至90°后，其拉伸面上不得有任何一个横向（沿试样宽度方向）裂纹或缺陷长度不得＞1.5 mm，也不得纵向（沿试样长度方向）裂纹或缺陷长度不得＞3 mm	10	面弯补样后才合格扣4分，背弯补样后才合格扣6分。两个试样均不合格，配分扣完
焊缝的表面状态	1	焊缝的表面应是原始状态，不允许有加工或补焊、返修焊等；		若有加工或补焊、返修焊等，扣除该焊件焊缝的外观质量的全部配分；
	2	焊缝表面不得有裂纹、未熔合、夹渣、气孔和焊瘤等缺陷		焊缝表面有裂纹、未熔合、夹渣、气孔和焊瘤等缺陷，均按不及格处理
安全文明生产		按国颁安全生产法规中有关本工种规定或企业自定有关规定考核		根据现场记录，视违反规定的程度扣1～10分
时限		焊件必须在考核时限内完成		在考核时限内完成不加分；超出考核时限≤5 min扣2分；超出≤10 min扣5分；超出10 min为不及格

6. 操作要点

(1) 看清题目内容，了解技术要求。

(2) 认真、仔细地完成焊前的各项检查项目和调试工作，确保正常。

(3) 正确的选调好焊接规范。

(4) 认真完成试件待焊处的清理工作及试件的装配定位。

(5) 注意操作时的站位；保证稳定的工作位置，保持焊枪角度的正确以及二氧化碳气体对熔池的保护作用。

附录2 中华人民共和国职业技能标准

电焊工

工种定义

使用电焊设备和工具，利用焊接材料对工件进行焊接、切割、碳弧气刨等加工。

适用范围

手弧焊、埋弧焊、气体保护焊、电渣焊、等离子弧切割、碳弧切割、碳弧气刨、铸件焊补等。

等级线

初、中、高三级。

学徒期

三年，其中培训期二年，见习期一年。

中级电焊工

知识要求：

1. 常用焊接设备的种类、型号、性能、结构、使用规则和调整方法。
2. 修理常用工具、夹具、胎具、保护用具的基本知识。
3. 钢材焊接性的估算方法及不同自然条件对焊接性影响的一般知识。
4. 焊条药皮、焊剂、焊丝、钨极、保护气体的主要化学成分、作用及选用焊条、焊丝和焊剂的原则。
5. 常用合金钢、不锈钢、铸铁、有色金属材料的焊接性能、焊接方法、焊接工艺参数和焊接材料的选择知识。
6. 常用焊接工艺参数，各参数间的关系及其对焊接质量的影响，编制工艺规程的基本知识。
7. 焊前预热、层间保温、焊后缓冷、后热、焊后热处理的概念及目的。
8. 焊接接头的组成、特点，热影响区的组织、力学性能的变化及影响因素。
9. 坡口形式选择的原则、加工方法及质量要求。
10. 焊接变形与应力的基本概念，各种焊接变形与应力的产生原因、危害性及控制方法。
11. 等离子弧焊接与切割的基本原理、种类、用途、操作方法及工艺参数对质量的影响。
12. 堆焊的用途及操作方法，焊接缺陷产生的原因及防止、修补的方法。
13. 常用焊接检验的方法，焊接缺陷的识别及评定的一般知识。
14. 焊接缺陷的防止和返修方法。
15. 机械加工常识和焊工电工基础知识。

16. 编制工艺规程的基本知识。

17. 生产技术管理知识。

技能要求：

1. 常用焊接设备、等离子弧切割设备的检查、调整及故障处理。

2. 常用焊接设备、等离子弧切割设备及辅助设备的正确使用和维护保养。

3. 修理、改进自用的工、夹具。

4. 看懂焊接部件图，绘制一般零件草图。

5. 焊条工艺性能试验。

6. 圆筒件内、外环缝及纵缝的焊接。

7. 高压容器和承受冲击力的产品部件平、立、横焊位置的焊接。

8. 有色金属、合金钢的焊接。

9. 不锈钢的等离子弧切割。

10. 厚板筒体的电渣焊。

11. 复杂零件和模具缺陷的焊补。

12. 根据射线探伤的底片判断焊接缺陷（裂纹、夹渣、气孔、未焊透等）的位置及程度。

13. 分析焊接缺陷产生的原因并返修至合格。

14. 复杂件的堆焊。

工作实例：

1. 板厚为10～16 mm的中碳钢板及低合金强度钢板的对接焊缝，平、立、横焊位置的手工电弧焊，要求开V形坡口，单面焊双面成形。

2. 板厚为20～30 mm的低合金强度钢筒体对接环缝的埋弧焊和气体保护焊，对接纵缝的电渣焊。

3. 直径为273～362 mm、壁厚为30～50 mm的低合金钢管，开U形坡口，采用对接接头，在水平转动位置用手工钨极氩弧焊打底、手弧焊过渡、埋弧焊填充和盖面焊接。

4. 板厚为10～20 mm的中碳钢板及低合金强度钢板角焊缝（焊脚尺寸不大于最小试件厚度），平焊或横焊位置的手弧焊、埋弧焊和气体保护焊。

5. 直径为38～60 mm、壁厚为3～6 mm的低合金强度钢管对接，在水平固定和垂直固定位置的氩弧焊和等离子弧焊。

6. 板厚大于4 mm的奥氏体不锈钢板对接焊缝的氩弧焊和等离子弧焊。

7. 壁厚小于100 mm的高压容器筒体环缝的埋弧焊。

8. 铝、铜及其合金容器的气体保护焊。

9. 直径为133～273 mm、壁厚不小于10 mm的低合金耐热钢管对接，在水平固定和垂直固定位置的手弧焊。

10. 厚度小于20 mm的不锈钢板及铸件冒口的等离子弧切割。

11. 高压阀门的堆焊，高速钢刀具、耐热钢模具的手工堆焊及轴、齿轮箱的铸、锻件缺陷的焊补。

12. 相应复杂程度工件的焊接、焊补。

附录3　中华人民共和国职业技能鉴定规范

电焊工

中级电焊工

鉴定要求

一、适用对象　使用电焊设备和工具，利用焊接材料对工件进行焊接、切割、碳弧气刨等加工的人员。

二、申报条件

1. 文化程度：初中毕业
2. 现有技术等级证书（或资格证书）的级别：初级工等级证书
3. 本工种工作年限：五年
4. 身体状况：健康

三、考生与考评员比例

1. 知识：20:1
2. 技能：5:1

四、鉴定方式

1. 知识：笔试
2. 技能：实际操作

五、考试要求

1. 知识要求：60～120 min；满分100分，60分为及格
2. 技能要求：按实际需要确定时间；满分100分，60分为及格；根据考试要求自备工具

鉴定内容

项目	鉴定范围	鉴定内容	鉴定比重	备注
知识要求 基本知识	1. 金属学及热处理基础知识	1. 金属的结构与结晶； 2. 二元合金和 Fe—Fe_3C 相图的构造及应用知识； 3. 钢热处理的基本理论； 4. 退火、正火和回火时的组织转变、性能变化及实际应用知识； 5. 化学热处理的基本原理及应用知识； 6. 金属的塑性变形、纤维组织及其对金属性能的影响	100 10	
	2. 焊工电工基础知识	1. 直流电路电动势及全电路欧姆定律； 2. 电位计算及电流的热效应； 3. 电阻连接的分压和分流； 4. 基尔霍夫定律； 5. 复杂直流电路的计算方法； 6. 磁通势、磁场强度和磁阻； 7. 电磁铁、变压器和电焊机； 8. 交流电路功率因数的概念及提高功率因数的方法	10	

续表

项目	鉴定范围	鉴　定　内　容	鉴定比重	备注
专业知识	1. 焊接电弧及焊接冶金知识	1. 电子发射、电离、焊接电弧的特性、各种焊接方法的电弧静特性曲线； 2. 焊丝金属的熔化及熔滴过渡； 3. 焊接区内气体（氮、氢、氧）的来源及其影响； 4. 焊缝金属的脱氧、脱硫、脱磷及合金化； 5. 焊接熔池的一次结晶、二次结晶、焊接热循环的含义及焊接接头组织和性能的变化	10	
	2. 焊接工艺及设备知识	1. 气体保护焊（CO_2、Ar）的工艺及设备； 2. 等离子弧焊和切割的工艺及设备； 3. 电渣焊的工艺及设备	20	
	3. 常用金属材料焊接知识	1. 材料的焊接性及估算公式； 2. 低合金结构钢及珠光体耐热钢的焊接性、焊接工艺和焊接方法； 3. 奥氏体不锈钢的焊接性、焊接工艺和焊接方法； 4. 铁素体不锈钢与奥氏体不锈钢及不锈钢复合钢板的焊接工艺持点； 5. 灰铸铁的焊接性及焊接工艺特点；球墨铸铁的焊接性及焊接工艺特点； 6. 常用堆焊材料、堆焊材料的工艺特点及典型零件的堆焊工艺； 7. 常用有色金属（铝及铝合金、铜及铜合金、钛及钛合金）的焊接性及焊接工艺	20	
	4. 焊接应力和变形知识	1. 焊接应力和变形产生的原因；焊接应力和变形的形式； 2. 控制焊接残余变形的常用工艺措施和矫正残余变形方法； 3. 减少焊接残余应力的常用工艺措施和消除残余应力的方法	10	
	5. 焊接检验知识	1. 焊接接头破坏性检验的方法； 2. 焊接接头非破坏性检验的方法	10	
相关知识	1. 机械加工常识	1. 车削、铣削、磨削、刨削常识； 2. 切削刀具的名称及几何参数； 3. 机械加工余量的选择知识； 4. 机械加工精度的一般概念； 5. 切削用量（进给量、切削速度、切削深度）的一般知识	4	
	2. 相关工种工艺知识	1. 气焊知识 (1) 气焊设备的构造原理及维修保养知识； (2) 常用金属材料气焊的知识； (3) 气割设备的构造、原理及维修保养知识； (4) 机械气割、特种气割的知识 2. 冷作知识 (1) 冷作常用设备与模具的一般知识； (2) 一般结构件的装配知识	3	
	3. 生产技术管理知识	1. 车间生产管理的基本内容 2. 专业技术管理的基本内容	3	

续表

项　目	鉴定范围	鉴　定　内　容	鉴定比重	备注
技能要求			100	
操作技能	中级操作技能	1. 焊接材料 按有关技术文件（国家标准、行业标准等）对自用焊接材料（焊条、焊剂、焊丝）进行工艺性试验。 2. 焊接方法 (1) 手弧焊 1) 中厚板的板－板对接，V形坡口，横焊或立焊，单面焊双面成形； 2) 板－管T形接头，单边V形坡口，骑座式垂直俯位或水平固定位置焊，单面焊双面成形； 3) 大直径管对接，U形坡口，垂直固定焊，单面焊双面成形； 4) 高速钢刀具、热锻模或高压阀门密封面的堆焊； 5) 铸铁齿轮箱壳裂纹的焊补。 (2) 手工钨极氩弧焊 1) 薄板的板－板对接，I形或V形坡口，横焊或立焊，单面焊双面成形； 2) 板－管T形接头，单边V形坡口，骑座式垂直俯位或水平固定位置焊，单面焊双面成形； 3) 小直径管对接，V形坡口，垂直固定焊，单面焊双面成形。 (3) 二氧化碳气体保护焊 1) 薄板或中厚板的板－板对接，I形或V形坡口，横焊或立焊，单面焊双面成形； 2) 板－管T形接头，插入式水平固定位置焊； 3) 大直径管对接，V形坡口，垂直固定焊，单面焊双面成形。 (4) 埋弧焊 厚板的板－板对接，双面焊。 (5) 等离子弧焊 薄板的板－板或管－管对接，平焊或水平转动焊，单面焊双面成形。 (6) 电渣焊 厚板的板－板对接，I形坡口，单丝或双丝焊。 (7) 组合焊 1) 薄板－小直径管对接，V形坡口，垂直固定位置，手工钨极氩弧焊打底，手弧焊填充、盖面焊接，单面焊双面成形； 2) 中厚壁大直径管或小直径薄壁管对接，U形坡口或V形坡口，水平转动位置，手工钨极氩弧焊打底，熔化极气体保护焊填充、盖面焊接，单面焊双面成形	80	根据考试要求确定的时间和有关条件，确定具体的鉴定内容，能按技术要求按时完成者，可得满分
工具、设备的使用与维护	1. 工具的使用与维护	1. 合理使用工具，并做好保养工作； 2. 正确使用夹具，并做好保养工作	5	
	2. 设备的使用与维护	1. 焊接设备的正确使用、维护保养及常见故障的排除； 2. 常用辅助设备（焊剂输送与回收装置、焊接用变位机、升降架、转动滚轮架等）的正确使用及常见故障的排除； 3. 各种定位、装配、夹紧装置的正确使用及改进	5	
安全及其他	安全文明生产	1. 正确执行安全技术操作规程； 2. 按企业有关文明生产的规定，做到工作地整洁，工件、工具摆放整齐	10	